創新的機緣與流變

溫肇東——著

國立政治大學
創新與創造力研究中心
Center for Creativity and Innovation Studies

遠流出版公司

目錄

▶▶Part 1

創，積累與變革

▶▶Part 2

經典的創新範例

博學多聞見識廣　因緣具足創新舉

國立政治大學創新與創造力研究中心創造力講座主持人・名譽教授　**吳靜吉**

∞

　　讀完了《創新的機緣與流變》中的自序〈創新的因緣〉和近五十篇文章後，我終於了解溫肇東教授「博學多聞見識廣」是「因緣具足創新舉」的結果。十幾年來，不知道跟他開過多少次會，而每一次他都可以脫口而出新著作、新觀念和新契機，穿插在這些新知和新聞中是一個接著一個的實務案例和體悟智慧。

　　回顧他發言中的關鍵字，不外乎創新、創業、共創、契機、新創事業、競賽、創舉、大數據、新趨勢、文創、社會企業、創意教育、做中學、遊中學，他也常問：「政府到底重不重視創新？」「大學到底重不重視創新教育？」「Y 在哪裡？」「產值呢？」「價值創造呢？」「有沒有 make sense？」。這些關鍵字的敘寫與詮釋分別隱藏在五十本他寫序或導讀的書籍中，這些書基本上都在主張引介「新舉」，而他的導讀或序文就像是舞台表演的燈光一樣。燈打了，

觀眾不僅知道節目即將開始，更可以清楚聚焦表演舞台，準備看戲。

　　他勤讀快寫，除了自己本身閱讀的書籍論文外，還應邀為八、九十本新書導讀或寫序。這種飽讀詩書的機緣錦上添花了他的博學多聞。而從小到大周遊列國的他，更是多元文化、跨國經驗促進創造力活生生的典範。

　　他見識廣一點都不令人意外。除了親身的職場經驗，從專業人員到創業家、從訪視到顧問、從現場教學到理論探討，這些經驗的累積逐漸驗證了因緣具足創新舉的雄心壯志。

　　他說「一九八一年開始芳鄰餐廳的籌備工作，從人員招募、訓練，率先採用大專生為服務生（錄用了七位大學生，完全沒有餐飲經驗，在台灣是創舉）……。」他這樣的新舉只是我所認識的溫肇東，在科智所和創新與創造力研究中心，進行研究、教學、服務與領導的一個例子而已。

　　他常問我們幾個同事和學生「有沒有 make sense？」他的言行一致，從他選讀介紹這五十本書的文章中，處處看到他個人 sense making 的痕跡。這些痕跡催化他「因緣具足創新舉」，因而造就了他「博學多聞見識廣」，真的令我羨慕。

以多元觀點解讀創新理念

國立清華大學科技管理學院講座教授 **史欽泰**

∞

　　讓新觀念走出象牙塔並與社會對話是知識份子的責任。肇東兄十多年來筆耕不輟，為許多著作撰寫推薦序與導讀文章，這本書收錄其中近五十篇與「創新」有關的書籍引薦，不僅讓讀者重溫經典，也在茫茫書海裡發現遺珠，從更多元的觀點解讀創新理念。

　　回顧過往，1976 年我從美國返台，加入工研院，參與第一波半導體技術引進計畫，而肇東兄則是於 1977 年學成歸國，投入管理領域的教學工作。那是台灣風雨飄搖的年代，但也是充滿生命力的時代，在有志之士齊心努力下，台灣締造了經濟奇蹟。台灣的競爭力在於高速的學習力，能夠在短時間內從傳統工業晉升到高科技產業，證明台灣人豐沛的創業能量。然而，近年來，台灣陷入轉型困境，調整創新思維，重拾創業家精神，正是台灣產業升級的重要力量。

　　肇東兄不僅是創新教育的推動者，同時也有創業實戰經驗。當年政府仿效日本綜合商社成立「南聯國際大貿易商」，肇東兄自籌備階段就已加入，打開視野格局；其後又參與芳鄰餐廳籌備，九年多來從零到全省二十二家店，累積豐富創業經驗。在政大任教期間，他除了在課堂傳遞觀念，也連續五年帶領學生跑遍歐洲，參訪許多產、官、學、研機構，帶回創新領域第一手訊息。另外，他也積極推動創業競賽，並建構創業網絡，將創業種籽深植於年輕世代。

　　肇東兄是理論與實務兼具的學者，這本書收錄的短文不僅有「創新」相關著作的提綱挈領，也融合肇東兄的經驗見解，提供讀者在地化省思。書裡介紹的五十本著作，橫跨十多年，有創新創業的典範，有實務操作的細部方法，也有豐富的實例個案，有興趣的讀者可以各取所需，按圖索驥，進一步深入研讀。

　　隨著時代演進，管理思維也不斷變革。透過肇東兄的解析，這本書除了展現管理思維的時代變革，提供讀者面對混沌未來的多元省思，也提供急於轉型的台灣社會更多思辨的空間。

創新的發想與實踐

商業發展研究院董事長 **徐重仁**

∞

　　和肇東兄認識是 1980 年代初，他在經營芳鄰餐廳時。那時台灣引進很多國際的零售及餐飲品牌，芳鄰堪稱餐飲業連鎖店的開路先鋒。大家都在摸索跨縣市多店化的經營，那是繼台灣工業化之後，「商業現代化」的啟蒙時期，有時我們會交換一些經營心得，或管理上的問題。

　　之後他去拿了博士，在政大科管所教書，也不時有一些互動，包括他和吳思華曾參與規劃我現在所服務的「商業發展研究院」，我們都希望對台灣的商業、服務業之現代化與創新略盡棉薄之力。肇東兄勤於筆耕，時常在報章雜誌上看到他的文章，抒發一些創新的想法與觀察，也在很多商管書籍上讀到他的推薦序，如今很高興肇東兄將之整理成書，尤其是以「創新」為主軸。

　　在我經營統一超商那段期間，全體同仁也不停地在創新的路上

摸索，從流程的改善、到新商品與服務的開發，為顧客創造價值或帶來方便；多店鋪之後，這個平台的每個小的創新也能為公司改善效率、節省成本。

本書中提到的「創新觀念」、「創新組織」或「創新人物」，有不少與我們在實踐或標竿的作法不謀而合，如「推與拉的軸線翻轉」、「共創」、「共同協作」、「精實服務」等。書中也有多篇關於「領導」的推介，如僕人系列，都和我強調團隊的理念及不強調個人的風格很接近。另「成長力」、「逆轉力」等企業持續創新努力的法則，也是企業每天要在實務上認真去執行的工作。

我因留學日本，肇東兄因經營芳鄰時和日本 Skylark 合作與合資，工作上和日本都有一些往來。之後我和肇東兄的母親（Eastern）等人創設了日語的「東海扶輪社」，和他們一家人也因日本的這個因緣而更加熟稔。我們都曾為稻盛和夫的書寫過推薦，稻盛凡事都「全力以赴」的工作精神，我想也是我們共同的特質。

本書收集跨越十多年書市上「創新」相關書籍，回顧這些篇章時，也讓我回想和肇東兄三十多年的交往情誼，及我們共同為台灣創新的發想及實踐所做的努力。因此很樂意為這本書做推薦，也希望大家能在各篇章中得到一些創新的啟發。

站在巨人的肩膀上

政治大學科技管理與智慧財產研究所　教授兼所長　**邱奕嘉**

∞

　　自學生時代就聽聞溫肇東老師的大名，他是一個學養俱佳的前輩，也是一個理論與實務兼而有之的學者。屢屢在報章期刊拜讀他對創新與人文社會發展的獨到見解，不但提升了學術界的研究水平，也為企業界開拓了多元的視角。在政大科智所共事的幾年時光，受他提攜甚多，尤其在系所的經營與發展、課程設計與規劃中，深刻感受到溫老師的教學熱忱及時代使命。積極貢獻所學、培育創新人才的他，總是能在起伏的潮流中掌握創新要領，傳遞核心價值。對於社會萬象、人生百態，他有一種變則變矣的瀟灑，也有一種為所應為的執著。

　　因為本書的問世，才發現當年隨手翻閱的吉光片羽，經過系統化的整理、編排之後，宛若一部創新發展史，標記著每一個理論的創生與更新，每一個實作的執行與修正。也因為本書的問世，才發

現溫老師在創新領域的深耕廣拓，多年孜孜鑽研、執教不輟，才有今日蔚然成林的一片好景。

本書集結了溫老師幾年來為各種書籍所撰寫的導讀和推薦序，雖然每篇文章都是在引介某本書籍，看似不太相關，但透過不同主題的分門別類，仍然可以得到系統性的了解。而溫老師為台灣早期從事科技管理研究的學者之一，市面上與創新相關的書籍，幾乎都可以看到他的推薦文或導讀。對一個想要了解創新脈絡的人而言，這本書就是個「創新懶人包」；對一個想要梳理創新歷史沿革的人來說，這本書正是「創新簡史」。

創新的發展在九〇年代後逐漸成為顯學，企業競爭的規則也因各種創新發展，而有不同典範的移轉。對企業而言，不創新似乎就沒有未來。而各種的討論與論述也在這樣產業發展背景中應運而生，透過深入的分析與討論，提供企業經營者對創新競局有不一樣的思維。

本書的第一篇主要是在談論過去幾種創新的類型與變革，包含了破壞式創新、創業發展等；第二篇則透過經典公司，如google、apple、日本航空、TED 等，探討創新的典範發展；第三篇是從創新的執行面，探討相關決策、管理與成長的關鍵；最後一篇則聚焦

在創新與個人及人文面的對話。

　　透過溫老師精闢的見解與流暢的文字，讀者可以一次飽覽創新過去的流變，了解不同的典範與創新的執行關鍵。雖然創新之意在求變，聚焦於未來；但若是對過去沒有清楚的認識，創新猶如蓋在沙灘上的城堡，僅有瞬間的華麗。對典範與流變的深入了解，有助於讀者精準掌握未來發展方向。閱讀這本書就像站在巨人的肩膀上，視野因此而更加遼遠；閱讀這本書就像借了好風之力，能夠送你直上青雲。

創新的因緣

∞

　　回顧我這一生職涯，有一個貫穿不同組織的微妙線索，那就是「創」字。我參與的組織與工作，不是創業就是創新，那也是我無怨無悔、喜歡做的事，如果這些年能全力投入創新教育工作，可能和這些「機緣」有關。機緣的意思是，因緣俱（聚）足，就有機會讓其發生。

　　1977年從美國羅徹斯特大學（University of Rochester）唸完MBA，應東海企管系系主任陳勝年之邀，回到母校擔任講師。當時這個系才草創第四年，其他的老師都是成大工管所畢業。在美國留學的經驗及內容，轉換成我授課的方式與風格，對同學們來說是很新的經驗。當時的同學也很優秀，後來也都在各行各業嶄露頭角。

　　1979年，「台南幫」成立「南聯國際大貿易商」，我和其他三十幾位同仁（一半有碩士學位）在籌備階段就加入。這「大貿易商」

是當時政府想仿效日本綜合商社的作法。在那二年當中，我紮實學到如何開策略會議、編列年度預算、如何開董事會、如何成立海外分公司、如何布建台灣內銷的通路。同時也在創社的總經理旁學到很多，從草創時期人才的聘用、組織的設計、與業務的開拓等。

　　1981年開始芳鄰餐廳的籌備工作，從人員招募、訓練，率先採用大專生為服務生（錄用了七位大學生，完全沒有餐飲經驗，在台灣是創舉），由日本派員來台訓練口語及內外場動作。為尋找店鋪進行立地調查，包括車輛及行人流量，一百坪左右的標的，當時的競爭者竟然是銀行分行。立地評估到租約談判、裝潢發包、試營運、開店行銷；中央廚房從熬製高湯、漢堡、肉排的前置處理；店鋪設計，包含廚房、客席座位、動線、菜單設計、成本定價估算，所有作業管理實務無役不與，是很難得的經驗。到1990年九年多的時間，從零到二十二家店鋪，台北之外，新竹、台中、彰化、嘉義、台南都開了店，在台中工業區的中央廚房每月可配送五萬人份的餐食。因和日本合作，也有機會見證日本新興的外食產業在這些年的快速成長，各業務、業態及服務都是當時的台灣望塵莫及的。

　　1991年到牛津大學零售管理學院當訪問研究員，分享台灣的零售業經驗，有機會觀察到英國的超市、百貨、大賣場，在柴契爾

首相開放政策之下，於郊區展開蓬勃的發展，並跟著專家做了現場、現地的學習。在英國期間也見識到大英帝國雖在經濟、製造業一路下滑，但其在媒體及外交仍維持一定的分量，這對一路只有成長經驗的我是很大的刺激。

　　1991 年唸博士班，開始接觸能源、資源、環保、生態的議題，擴展超越一般商管傳統的視野，進入企業環境管理、綠色企業的前沿，ISO 正在起步的階段。與科技與人文社會（Science Technology and Society, STS）學門的邂逅也是另一個機緣，讓我有機會進到政大商學院及科管所。科管所在籌備時，就將「科技與人文社會」列為必修課，在那時候能教這個科目的教師幾乎沒有，剛巧壬色列理工學院（RPI）正是這個新領域的重鎮之一。當然，RPI 在當時推動的「科技與管理」MBA 更加深了我進科管所的機緣。

　　進科管所之後，在當時「創所」所長吳思華的領導下，我們一群有一些科技背景的管理學者，在商管學院的邊陲，為了和旗艦的企研所有所區隔，啟動了許多創新的作為。從每年暑假的海外創新之旅，連續五年跑遍了整個歐洲，從完全陌生到踏遍東西南北歐，許多產、官、學、研機構，只要和研發或創新有關的機構，都是我們的參訪對象。同時，也拜當年台灣高科技產業初嶄露頭角，歐洲

很有興趣了解台灣情況。透過這些交流，我們有歐洲第一手的創新政策及實務，除了豐富我們教學研究的內容，也使我們成了台灣政府創新政策的智庫。

1999 年起台灣模仿 MIT50K 創業競賽，包括研華開始舉辦 TIC100 及台灣工業銀行的 WeWin，我都有參與籌備，指導的科管所團隊也多次拿到冠軍，促進了學生創業或構想營運計畫的練習。畢業後這些創業精神的種籽使他們在選擇工作時，不像一般 MBA 多去大公司，有許多參與草創時期的小公司；即使一樣就業，從工作中學習的態度多有不同，每屆平均約有二成同學在創業狀態中。

在 2000 年網路創業的熱潮，我和吳思華院長邀請七家創投公司一起成立了「網路築夢學園」，協助有志創業的年輕人弄清楚事業構想，撰寫營運計畫書，後來 2005 年再轉型到「未來發生堂」（sensing the future），探討音樂、出版、移動生活、教育和社會企業，希望提早預約未來，做一些產業即將面臨轉型的探討。

早期一般社會對「科技管理及創新」都不熟悉，科管所就每年從書市中推薦十本科管好書，推介科技事業經營及創新管理的概念，比較可惜的是台灣本土著作每年最多一、兩本。2014 年辦第十九屆，終於有一本科管所三年前畢業的兩位同學寫的《來自土地

的事業夢想》入選，這是很重要的里程碑，我們培育出來的人才，可以自己用本土的題材寫成書來分享給讀者。

在這段期間不知不覺也幫八、九十本書撰寫推薦序，其中約有五十本是和「創新」有關的。這些書在當時都是出版社覺得台灣讀者需要的才會上市，也很認真找人推薦。可能因如上述我參與「創新事務」很多，他們覺得邀我寫推薦序，較能在地化地詮釋原作者的原意，及拉近和台灣讀者的距離。我也不是來者不拒，覺得和自己的想法比較接近的才會接受。

如今按第一篇「創，積累與變革」有十五本，包括很多創新觀念，或是翻轉舊的一些迷思；第二篇「經典的創新範例」有十一本，這些創新組織，如 Google、Apple 和 Toyota，大部分都是經得起考驗的長青樹；第三篇「價值創造的關鍵」有十本，組織決策須不斷克服挑戰，才能領先並持續成長，及第四篇「不一樣的生命情調」有十五本，介紹了創新人物的思與行。

依這幾個主題編輯，希望能讓讀者對這十多年來創新相關書籍的「流」轉與「變」化，有一概括的理解，這些新的概念或新的名詞如能某個程度被接受，表示帶來新觀點、新意義，也對創新事務的推動提供了一個機緣，因此將此書名為「創新的機緣與流變」。

創，積累與變革

在中文裡創意、創新、創業都有「創」字，而創字拆開來看，左邊的「倉」就是要積累、儲存、要有實力；右邊的「刀」就是變革如刀切，是很容易使別人或自己受傷，是有風險的。這一篇談的十五本書都環繞在「創」新的概念，從《創新者的修練》（2005），《共同創造到底有多厲害》（2011）、從推到拉的《拉力，讓好事更靠近》（2011），都是「思維的翻轉」。

過去十年間，幾個重要的創新應是「開放式創新」（Open Innovation）和「服務創新」（Service Innovation）。除了亨利・徹斯布洛（Henry Chesbrough）外，克里斯汀生仍是這段期間重要的推手，從經典《創新的兩難》、《創新者的修練》到《創新者的成長指南》（2008）及《創新者的處方》（2012），都是他和不同的徒弟合作的成果。我將「修練」和「指南」兩本書的推薦序併成一文，比較有系統地了解克里斯汀生的思路。「處方」一書則是針對美國及全球都很頭大的醫療健保問題，試著提出的一個負擔得起的解方。

普哈拉是另一位創新巨人，他從九〇年代揭示核心能耐（core competence）的概念《競爭大未來》，2003 年推出貧窮創新《金字塔底層大商機》和 2008 年強調 N=1，R=G 的《普哈拉的創新法

則》。這位來自孟加拉的學者於 2010 年辭世，享年六十八歲。他因來自貧困國家，對創新的觀點和對象，與美國學者旨趣十分不同。

另外幾本書也都提供了一些創新的洞見，《後發制人》（2005）打破我們「先佔優勢」的迷思，很多後發者反而成為贏家；《團隊的天才：引爆共同協作的力量 》（2007）也打破「個人創造」的盲點，「共同協作」才是王道；《X 創新：企業逆轉勝的創新獲利密碼》（2011）鼓勵不要害怕未知，不要害怕提出從未被問過的問題；《別在稻殼堆中找麥粒 》（2012）探討創新的偶然與必然，以及一般人對創新的迷思。

這幾本書在在都提醒我們傳統智慧（Conventional Wisdom）在全球科技、市場板塊、企業競爭態勢、及組織構型都產生巨變的今天，各個企業為了回應外在情勢，而力求差異化，因此創新的概念與手法不得不斷地推陳出新，這些提點對不同的人或組織可能有不同的啟發。

當然創新的變革需要有厚基的實力（資源基礎）、有彈性的組織、快速反應的能力（動態能耐）。因此，克里斯汀生十多年前提出的「創新的兩難」，至今還是組織實際運作時難以克服的罩門。在台灣我們走不出「代工和品牌」的兩難泥沼，和這個現象其實有

異曲同工之妙。

在「服務創新」的前沿，我以〈汽車也可以成為一種服務嗎？〉來延伸《普哈拉的創新法則》的旨意，是否產品、裝置、及製造終究都可服務化？我很高興聽到童子賢說，和碩的代工業務，終極會成為一種「製造服務業」，就像台積電的晶圓代工，亦可以是一種附加價值較高的服務。

此外，《員工第一，顧客第二》（2011）也是翻轉商管學院「顧客是王道」的說法。在服務當道的年代，有多少價值是由員工（尤其第一線）創造出來的？有多少才是資本或公司的結構加值的？稻盛在反轉日航時，亦是以「員工有形無形的幸福為優先」的概念而奏效。

《富足：解決人類生存難題的重大科技創新》（2013），一反「資源稀少、慾望無窮」的概念，在網路及知識經濟時代，關鍵生產要素已從有形的物質與能源，轉為無形的科技與知識。創新知識有非排他性、非互斥性，且越交換越多，為地球的永續帶來一線曙光。

希望本篇所討論的創新概念會讓你從對創新的「無感」，翻轉成有感、有熱情、有溫度，不是那麼遙不可及。只要用心，其實生活周邊創新的機緣隨手可得，但要看企業主事者的心態。

創業的偶然到必然

　　台灣的第一代創業家王永慶、洪建全、陳茂榜、吳修齊等，和第二代施振榮、林百里、溫世仁、郭台銘等的創業環境與時代背景，和所創的行業與事業之性質各不相同。進入二十一世紀，Y世代的草莓族或BOBO族的創業家會變成什麼樣子？

　　在全球化、產業價值鏈解構，東歐、大陸、印度的廣大勞力加入市場，經濟發達國家及四小龍很多的工作外移是不可避免的經濟宿命。換言之，被迫轉型為「創新及創業型社會」的形勢已啟動且逐漸成型。

　　2003年六月中走訪英倫三島，發現其創新與創業的氛圍和機構與十年前的保守氣氛完全不同，其創意文化產業所創造的產值及就業都相當可觀。挪威也警覺在未來十年內將會有幾十萬個工作消失，不可能不負責任地再沿襲過去的教育內容，讓學生們畢業時在

國內無事可做，必須教導他們能自己創造工作，而不再是去一家公司吃頭路！

大家都說台灣是創業天堂，我們確實也看到台灣人寧為雞首不為牛後的傳統，中小企業的生命力前仆後繼創造了所謂的經濟奇蹟。但 2002 年起巴布森學院（Babson College）與倫敦商業學院的保羅・雷諾斯（Paul Reynolds）教授所進行的「全球創業監測」GEM（Global Entrepreneur Monitor）調查，台灣的「創業活動指數」是屬於相當低的地區，反而泰國、阿根廷是創業活動較高的地區，這和一般人印象中的台灣經驗不太一致。初步分析的原因是，在開發中國家是為了生存而創業，擺地攤或做各種小生意都算創業。但今天在台灣談到創業，大家所想到的是新興的科技業，是光電、生技、奈米、數位等，是「機會」的追求，因此門檻較高，受訪者心目中的定義較嚴格狹隘。

其實，如果台灣不想空洞化，未來一定要轉型成創新創業的社會，不管因委外增多造就了 SOHO 族或 CRO（contract research organization），即使在大公司內也會偏向研發創新、新產品、新事業開發與整合性質的工作，而不只是傳統產、銷、人、發、財等功能式管理工作。寒假在東京紀伊國屋書店也很意外發現，日本創業

相關的書也擺滿了二個櫃子，有一、二百本之多，台灣最近創業相關的書籍出版也逐漸多起來。

　　《創業聖經》這本書收集了美國知名的七十位創業家，根據其言行事蹟分成幾個章節，勾勒出這些成功創業家的經驗。雖然作者彙整出來的五個要素，不是什麼學術上創新的理論，但卻很實際有用。首先透過三位業師所提供的檢核表可以讓每個人自我檢測，釐清自己的創業動機及必要付出的代價。其實每個社會最後適合做創業家的畢竟佔少數，但你若了解也能落實這本書的內涵，將能成為創業團隊中不可或缺的好成員，對協助和新創組織新事業也會有莫大的幫助。萬一你在個性上或因各種原因不願創業，你也可以在廣大社會不同的崗位上（政府、金融、學校……）支持而非阻礙創業的活動。

　　書中提到的五項要素，包括：

一、「完美的點子」，絕大部分的點子是來自過去的經驗與不斷地嘗試錯誤，天縱英明一開始就想對了，不需修正的應是偶然，大部分成功的點子，是不斷調適累積的結果。

二、「募集資金」是創業的另一個重點。絕對不可以輕忽與金主、創投及銀行的關係，瞭解他們的語言，瞭解他們投資

的對象都是人，但創業家對於股權的收益以及燒錢速度的控制都必須有很好的拿捏。

三、「贏得顧客」，尤其是第一位顧客是創業中最難的一件事，不管技術有多高，產品有多好，在能賣出去之前都不算數，特別是新興的市場或產品都充滿許多不確定性與風險。

四、「留住顧客」，須在許多關鍵營運面有效率才能確保合理的成本下提供給顧客價值。這些被列為成功的創業家，其事業都不只在各領域有過一些創新，且須持續「成功」一段時間。而要持續成功，得隨時注意顧客的需要，傾聽顧客的聲音、親近顧客（customer intimacy）是一種習慣、一種態度。

五、最後是「團隊的管理」，創業最終還是人的事，如何募集對的團隊成員，有適當的激勵及報償，在低潮有挫折時共患難，並處理不適當的人員，也是相當重要的事。

這是一本以美國市場為對象的書，因此作者所列的創業家都是以在美國知名度高的為樣板。七十位中只有新力、松下、維京、美

體小鋪等少數不是美國公司或非美國人創的業。歐洲及亞洲成功或美國人不熟悉的創業家不是他們的選擇，這也暴露出美國人心目中的「世界」範疇。因此這本書只能算是美國人對二十世紀後半的美國創業現象作一回顧，大概還不能成為「普世」的「聖經」，台灣的讀者應注意到這個盲點，二十一世紀正在崛起的成功企業家可能會有更大的比例不是發生在美國，世界上精彩的創業故事可能會移轉到太平洋的左岸。

（原載於《創業聖經》，推薦序，商周出版，2003）

創業機會的辨識

―――――――――― • ――――――――――

全球科技創新迭起、經貿情勢與版圖劇變，不管是已開發國家或開發中國家，不斷創新，創造新的產品、服務、新的營運模式、新的市場、新的組織已成為全球運動。各大學因應此一趨勢也不斷開創相關的課程、學習管道，好的創業創新教材當然是當務之急。

《科技創業聖經》一書英文原名為「尋找肥沃田地——為新事業辨識不尋常的機會」，是賓州大學的華頓商學院出版社為創社揭幕的三本書之一。華頓商學院出版社為追趕哈佛商學院出版社在財經管理界知識流通的地位，對首批挑選的著作當然不會掉以輕心，而創業這個「熱點」更是不容錯過。

作者史考特・夏恩（Scott A. Shane）在「創業管理」研究領域屬於青壯學者，經濟背景主修組織，曾在 MIT、喬治亞理工及馬里蘭商學院教授「科技創業」。夏恩教授治學嚴謹，過去幾年專注「創

業機會」的研究，強調機會的「發現、辨識以及運用」在創業管理
研究中之重要性。他在馬里蘭大學任教期間曾經舉辦過幾次「創業
管理工作坊」，嘉惠很多各國的博士研究生，我的博士生也在 2003
年參加過。

他最為經典的論述之一即是「先前知識與機會辨識」，以 MIT
一項 3D 技術的商品化為例，此技術曾非專屬授權給八個團隊，八
個團隊想到的應用全都不同，且都不知道其他七種不同的應用。結
果有四隊不了了之，另外四家成功地商品化，而且其營業額從幾千
萬到幾十億不等都有。夏恩根據此研究強調「先前知識」對機會判
斷的重要性，「先前知識」的內涵包括（1）對市場與顧客端的認識，
才能看到有待解決的問題與商機；（2）對供應端產業價值鏈運作
的理解，才能找出目前提供者的缺口，同時又能釐清新進者可以借
用與施展的產業基礎；（3）將新技術轉化為解決方案的配套知識
與手法，在《科技創業聖經》書中多少可以看到這些概念的延伸。
更重要的是，這些知識都需要有實務經驗的歷練，很難完全從課堂
中學到。然而這並不表示在學校中不適合教創業管理，因為要創業
成功還是要避免犯很多的錯誤，而這本書正是從學理的角度來陳述
你不該犯的錯。

　　夏恩以本身及其他學者的「研究」為基礎，結合他在 EMBA 及 MBA 上課的教材整理成書。經過課堂上與學員的辯論教學相長，得到實務經驗的印證以及認同。所以這本書既有理論基礎又有許多實務管理意涵，作者特別在每章中穿插「給創業家的忠告」，及提醒讀者之「自我評估表」。光是這些簡單的問題就值回票價，讓你有機會斟酌、檢驗自己的創業構想與準備是不是足夠與恰當。這本書出版將近一年來在亞馬遜（Amazon）網站上可以看到很多創業領域前輩的推薦，以及多數讀者的正面回應。

　　這本書內容的安排，在十個章節中涵蓋了：如何發現有價值的市場機會，為何在某些產業成功的機會大；如何運用大型既有競爭者的弱點，避免和其產生正面衝突，以卵擊石；如何評估顧客的需求，針對尚未存在的產品預測顧客採用行為；如何推斷產品擴散的時程與型態，管理風險和不確定性；如何選擇正確的組織架構，來執行創業計畫；如何保護及有效管理智財權等創業的關鍵議題。

　　在科技創業過程中，夏恩教授還提示了許多「科技管理」的重要概念，如知識結構、網路外部性、科技演變的 S 曲線、產業生態循環、破壞性科技主流設計的浮現及技術標準、學習曲線、報酬遞增、龍捲風暴、實質選擇權、自製與外包、情境模擬等。這些概念

剛好也是過去二十年我們在政大科管所教學與研討的核心議題，作者的處理深入淺出，顯現出其融會貫通的功力。

市面上談一般創業的書很多，但在「科技新事業發展」及「科技創業管理」的入門課程，我一直苦於找不到適合的課本。讀完這本書後，我覺得相當適合研習科管及創新的學生，因內容充分連結了組織、策略、行銷、智財、技術管理等重要概念，做了一個相當有效的整合，且活用在創業的情境中。因此這本書對想從事科技創業的人是很實用的教戰手冊，對想熟悉組織科技創新管理的人也是很好的輔助參考書。有機會為華頓在台出版的《科技創業聖經》撰寫導讀是我的榮幸。

（原載於《科技創業聖經》，導讀，培生教育出版，2005）

創新修練與成長突破

───────●───────

　　2005 年出版的《創新者的修練》是克里斯汀生（Clayton M. Christensen）延伸其前二本《創新的兩難》及《創新者的解答》的續作。基本上，前面這兩本書比較是「由內朝外」看企業面對新科技的掙扎與抉擇。「兩難」指的是「原本創新績優的企業，因專注於傾聽高利潤的顧客需求，即使不斷推出維持性創新，最後仍是喪失了市場領導地位。反之，新市場多是由提出斷裂性創新的小公司掘取，然而逐漸由小而大成為主流企業後，卻又陷入無法因應新科技的困境」；「解答」則是針對「斷裂性創新在競爭中，組織必須做的幾個關鍵決定，提出有力的解答」。

　　《創新者的修練》則是他和兩位在顧問業的 MBA 學生安東尼（Scott D. Anthony）及羅詩（Erik A. Roth）合作的成果。書中針對產業及企業的未來及變化，以他的「破壞性創新」、「資源、流程

與價值」及「價值鏈演進」等三個重要理論，「由外朝內」進行探討新興科技的機會在哪裡，如何避免和既存企業打規模戰，透過辨認尚未消費者、依其真正在意的是什麼進行策略選擇，同時如何留意其他非市場因素（如政府的法令、政策）對創新的影響等議題。從這三本書發展的歷程，見證了一個有深厚研究的突破性思維，可以如何繼續衍生成商品，持續變成暢銷書，也是知識可以成為經濟的典範。

作者引導讀者如何將這些理論應用在六個產業分析上：包括教育產業、航空業（含製造與服務）、半導體產業、健康照護產業、電信產業，以及在海外市場的應用，並論及一些國家的政策，包括提到台灣的台積電與廣達。透過這些產業溫故知新，當新科技出現時，新舊企業如何解讀與回應、在位的經營者是如何合理化自己的決策，而錯失商機。因為他們無法辨識尚未消費的族群、尚不滿足的顧客、過度滿足的顧客、及非市場性情況等微弱信號的出現，因而無法做出適當的判斷及反應。好的管理理論提供「針對特定境況的因果說明，並能解釋為何某個行動導致某個結果，以及在不同情況下將如何產生不同的行動結果」。

台灣企業的創新當然必須鑲嵌在全球價值鏈的演變發展當中，

過去以個人電腦的系統與周邊為主的產業,多半比較被動配合
OEM 原廠的需求,較少有主動開啟創新的機會(台積電的晶圓代
工模式是少數例外)。台灣的廠商因緣際會卡到好的位置,也很努
力從事降低成本的維持性創新,在原廠不斷將價值鏈中的工作外包
之際「你丟我撿」,也持續投資裝備以符合代工的要求,因而成為
全球代工重鎮。

比較令人擔心的是,價值鏈上的工作逐漸往微笑曲線的兩端延
伸,卻因同業競爭導致規模的套牢與利潤越來越微薄。在技術典範
移轉之際(如摩爾定律的極限),大陸印度低階市場的崛起,我們
的廠商是否能勇敢地突破,丟下包袱,找到斷裂性出口?同時間浮
現的另一個趨勢則是,以服務代替製造成為許多產業轉型的契機
(包括 IBM 與台積電)。以農業為例,生產者的貢獻只佔整個農業
價值鏈中的百分之二十,其餘百分之八十由供應鏈中的服務加值者
賺走了。如何找到一個突破的機會,是國內許多企業的創新轉型瓶
頸。

過去在相對靜態與島內產業的環境中,比較像開火車,有鐵軌
在引導,只要煞車與加速器即可。演進到以製造業為主的出口競爭
中,就像在馬路上開汽車,還需要方向盤及地圖來控制行走方向。

進入科技動盪全球化的競爭後，就像在空中開飛機，這本書所提供的「跡象判讀」理論等於給了我們較好的儀表板、地球儀、以及與塔台的通訊，可以在三度空間中找到安身立命的航程，脫離兩難的宿命。

2008 年，克里斯汀生的門徒延續創新系列叢書的精神，再推出《創新者的成長指南》，這本書是由「創新洞察」（innosight）公司經過六十家公司的實證經驗所得出來的指南，最接近執行手冊，從「創新的必要準備」開始為前導，控管好現有的核心事業資產，研擬成長計畫，掌握資源分配流程，第二部分帶讀者複習《創新的兩難》的基本概念：一、辨識「尚未消費者」（nonconsumer），為什麼他們未能消費，是因為缺少必要的技術、能力、取得管道，還是時間？二、辨識被「過度服務」的顧客，什麼叫做好過頭（overshoot）？三、辨識消費者需要完成的工作（job to be done），直入核心，了解顧客試圖解決什麼問題，而非那些不實際的傳統市場區隔變數。

在辨識市場機會之後，第二部分討論如何發展創新構想及研擬策略，教我們如何發展破壞性創新構想以及辨識其形態，接著提出評估創新成長策略的檢查項目清單，以及破壞力測量儀。

　　第三部分則是著重在「創立事業」，這部分是本書較前三本書更聚焦在新創事業的部分，很務實地剖析一、如何將具有高度不確定性的構想，以成功機率最大化的方式來推動；二、如何組建及管理創業團隊來推動破壞性的創新構想。

　　最後提出創新的「評量指標」，因為被評量的項目才會被執行，又這些指標如何與升遷獎酬連結。作者們指出很多指標的陷阱，並將這些指標分為投入、過程及結果，以他們在前幾年所經手的「報業未來」計畫為應用實例。在編輯上，每章結論之後還會有「應用練習」，「忠告與訣竅」則提供一些在章節的字裡行間內較不易言傳的內隱經驗。

　　這本書由克里斯汀生所創的「創新洞察」管理顧問公司合夥人馬克・強森（Mark W. Johnson）、史考特・安東尼、及約瑟夫・辛費爾德（Joseph V. Sinfield）等人合著，基本上並沒有太多超過之前的概念，除了有些個案比較明白地從創業家的角度來想問題，也提供了許多前三本書沒有的一些新案例，希望讀者更能觸類旁通。更重要的是書中有較多具體的演練與計算，更接近指南（guide-book）之類的工具書，這些計算的表格可協助你將之應用在自己的產業、自己的公司。如果尚未看過前三本書，而想一次搞懂克里

斯汀生的創新精髓，並能實踐於自身的事業情境，那麼看這本書應該會有很多幫助。

（原載於《創新者的修練》，推薦序，天下雜誌出版，2005；
《創新者的成長指南》，推薦序，天下雜誌出版，2008）

解構創新的迷思

———————— • ————————

　　創新是一個事件、一個器物，還是一個過程？一件目前會被我們稱為「創新」的器物或商業模式，其實多數是經過長時間多個角色參與，累積合成（cumulative synthesis）地演化，而非偶然或天縱英明的靈光一現。如《創意成真》一書中的許多例子：3M 的利貼、Sony 的隨身聽、飛利浦的 CD 都是很經典的故事。

　　大部分的創新點子、發明或專利並沒有被利用或授權，也沒有先佔優勢，能夠成為「創新」都是已被多數人使用的東西，且和原來最早推出的產品形貌、甚至使用方式都有很大的不同。

　　因此真正的發明人或率先推出產品者，通常不是目前我們記得的人或公司。大家會記得的創新案例，且實際因「創新」而獲利者，如免洗尿片的寶僑、錄放影機的 JVC、網路書店的亞馬遜，都並非最早做出產品的「創新者」。這些觀點其實在三年前的《野心

與願景》(*Will and Vision: How Latecomers Grow to Dominate Markets*) 就已探討過先動者優勢 (First mover advantage) 的迷思。

會被大家肯定或傳頌的創新,多半是因其創造的「價值」,受到顧客的喜愛而創造出新市場,改變了大家工作及生活的習慣與方式,也造就了一批新的生產者、供應商及服務業,如個人電腦、網際網路、行動通訊等產業的興起。

另有一些創新是改變了「交易形式」,可能改變了交易標的物、交易的對象,或交易的情境,將原不可交易的東西變成可以交易。例如:台積電晶圓代工模式的創新,即是將原來 IDM 整合在公司內的流程切割出來,替無晶圓廠的 IC 設計業者製造服務;或某種藥從需要護士注射改變成口服,病人可自行服用。這些都是交易供輸的形式、對象、情境不同的創新。

創新之所以被採用,不論是消費者或廠商,通常是因為交易介面被標準化、模組化,可以降低交易成本,或者汰舊換新的轉換成本很低,積極的採用動機促成了供應鏈的整併或解構,如行動通訊產業,從當初各國電信公司一家包辦所有的電訊服務與產品,到今天多元的各階段服務及產品提供者的垂直分工,就是一連串切割解構的過程。晚近又開始有不同的業者試圖進行上下游的整合,如手

機廠商與作業系統商，內容集合商或加值平台，造成價值鏈的另一次合縱連橫與重整。

《後發制人》這本書將創新的類型依「創新對消費者之習慣和行為的影響」與「創新對已具規模企業之能力與關連性資產的衝擊」分成：重大的創新、革命性創新、漸進式創新、策略性創新，並據此區別出既有大廠商與創新廠商各自的擅長與機會，作者將創新的歷程分成拓殖（colonizer）與整併（consolidator）兩階段，而這兩階段所需的能耐與資源是不同的，這部分論點和克里斯汀生的《創新的兩難》相似。

新進廠商的資源不多，但也因此沒有太多的束縛，如果看準了市場缺口、過度滿足、尚未被滿足、尤其是尚未消費的市場，同時能提出適當的解決方案，通常就能攻下創新的灘頭堡。但要再繼續前進布局，則需要更多的互補性能耐與資產，很多創新啟動者都不具備，也無法即時調整，而喪失了一統江山的機會，拱手讓給資源較多的既有廠商。錄放影機先推出的是安培（Ampex），但後來居上的是 JVC。

既有大廠商的價值、優先順序、資源與流程都不適合去進行會破壞既有市場及供應鏈的革命性創新，但是當創新的風險與不確定

性降低，主流設計形成之際就需要許多資源來進行整合，大量生產與行銷的龍捲風暴（Time to Volume）就很適合大廠當仁不讓地介入。電腦斷層掃描是由 EMI 最早推出，但卻由奇異醫療創造出大量市場。

因此作者建議兩者不必然要敵對或競爭，可採取「開放式創新」（open innovation）的概念相互合作，各司其職，讓創新的點子與啟動先隔離養在組織之外，適當的時機再進行整併，或先由內部發展再進行分割，達到雙贏多贏的局面。

從創新的擴散到社會普遍接受，需要許多外在條件的配合，如：寬頻基礎建設的投資，促進了韓國網路遊戲產業；法令的鬆綁，促成行動及數位通訊的蓬勃發展；通路的布建（如加油站、加氣站或加電站），就影響汽車、瓦斯車、電動車的社會接受。這些外在條件的配合，大公司也比較有能力去主導或影響。

最後，作者也把鏡頭轉到創意產業，和傳統製造業主要不同的是：創意產業靠的是差異化、客製化而產生價值，不是靠規模或標準產品。台灣的中小企業在少量多樣的彈性與供應速度素有優良的傳統，但在生產基地外移之際，島內要往創新的方向發展，從 IC 設計的市場佔有、工業設計嶄露頭角，及少數創意文化的萌芽都已

看到一些端倪。未來的戰場上台灣是否有機會「後發先至」，再創經濟第二春，需要對全球競爭的結構與本質有深入的理解。《後發制人》這本書不偏大或偏小，也闡述了各自適當的能耐與角色，對產業生態有精闢的剖析，算是相當平衡的論述，值得大家參考。

（原載於《後發制人》，導讀，臉譜出版，2005）

創新組織的基因

近幾年以創新為名的書多如牛毛,涵蓋範圍不外乎從創新產品、創新流程、創新市場、創新組織及創新策略等。讀了這麼多創新的書,了解這麼多的創新概念之後,台灣的產品、組織、策略「具體落實」了多少創新?大家都知道創新的重要性,但有沒有創新的事蹟成果,我認為還是組織文化與執行力的問題。

《創新 3 力:策略性創新的致勝關鍵》這本書的價值即在具體說明如何維持既有事業的卓越績效,同時也能創立幾近全新的創新事業,亦即突破克里斯汀生所說的「創新的兩難」,也是補充《創新者的修練》與《成長的賭局》,在辨識創新的機會、或通過「新事業紅綠燈」之後,如何「執行」的問題,如何克服新事業(new-Co)與原有核心(Core-Co)之間的緊張關係。

作者的論點基本上是根據大量的深度個案研究,他們稱之為公

司的「創新史」,其中包括我們原先就比較熟知的案例,如 3M、佳能、寶齡、通用汽車,這類深入的創新案例也曾出過很多精采的專書,如《打造天鷹》、《創意成真》、《創新才會贏》等。書中引用的主要幾個案例,康寧微陣列技術、紐約時報數位公司、孩之寶互動遊戲公司、凱普斯通懷特、及亞諾德半導體,都是過去較少見且有趣生動的故事。更重要的是這些創新的情境脈絡多是涉及「新經濟」,亦即身處非線性動態的技術與市場變化,在模糊不清的未來中號召與團結人員,說服大量資金的支持,並可從成功與失敗中不斷快速學習,重新組織以利用學習到的教訓,同時也需在相對混亂中有效管理績效與期望。

這些情境脈絡,因為與過去不連續,模糊不確定的因素很多,沒有太多重複經驗的機會,需要進行很多作者所說的「策略性實驗」。傳統的「管理原則」較無用武之地,組織必須衍生出新的紀律與運作模式。這也是這本書的核心,作者強調創新策略的執行,無法單靠少數才幹超級的倡導鬥士而成功,必須形塑創新組織的 DNA,採用新的人才,建立新的架構、制度與文化。作者認為策略性創新遭遇的限制和「管理技巧」的關連性較大,和「技術與創意」本身的關連性反而較少。

　　作者強調新事業要「忘記」三件事：一、核心事業的事業定義，二、核心事業所專長的經營模式，以及三、核心事業的既有能力。忘記後，需要標榜新的可能性，建立起新的能力，提出新的事業模式（誰是我們的顧客？我們提供什麼價值？如何提供此價值？），甚至要有心理準備會損及核心事業的營收。在建立新能力時，仍可有效地借助核心事業的資產，如品牌、製造設備、資訊系統、顧客網絡、供應商、網路或通路，這些資產都是獨立的創新事業難以匹配的，這本書提出了六項具體的「借助」策略。

　　接下來作者花了較多的篇幅來說明，為何經驗的學習不是件自然的行動？大膽、競爭或高要求如何阻礙學習？合理激勵或勉勵如何阻礙學習？利己主義、權力及影響力，如何天天作祟而流失學習機會？接著作者提出 TFP（Theory Focus Planning）規劃流程，指出創新事業預測背後的邏輯及理論，比預測本身重要，「質」的趨勢方向比「量」的精確來得重要，因此要保留更多的歷史資料；規劃流程循環的頻率，會影響檢討時學習的速度，「學習指標」比「財務指標」更能顯示計畫可行性，提早獲得偏離失敗或朝向成功的早期訊號。

　　值得提出的是「事業經營模式」（Business Model）和策略之

間的差異，在九〇年代中期以前大家只談策略，為何網際網路興起之後，大家才開始談事業經營模式？基本上，過去策略所探討的情境脈絡是產業中的競爭，產業已存在，經營模式已確立，要處理的是幾個競爭對手在既有的遊戲規則中之較量。但網際網路來的時候，產業輪廓尚未明顯，價值的定義、價值的傳遞、及價值的捕獲仍然是模糊的。

因此，「經營模式」，尤其是價值的捕獲，如何定價、向誰收錢、收到的錢如何分帳等，很少人講得清楚，因而創新事業無法做得起來。作者雖然對如何捕獲價值的著墨不多，但根據 TFP 來找黃金，可補充對此一問題的回答。最後的「十個法則」則是綜合前述的概念，並以亞諾德半導體為案例，帶領讀者操演一遍，是執行創新的具體的作法，也點出創新組織的 DNA。

經常有人在辯論策略與組織何者重要？這本書則指出，策略創新需搭配組織的基因及執行力才會成功，亦即創新的成果屬於「知行合一」的公司。

（原載於《創新 3 力：策略性創新的致勝關鍵》，推薦序，天下雜誌出版，2006）

打破個人創造的迷失

在創新及創造力的領域，有許多創新人物英雄被形塑出來，如 Apple 的賈伯斯、微軟的比爾‧蓋茲、Yahoo 的楊致遠、Google 的賴里與佩吉。但事實上真正突破性的創意，多數是由團隊激盪出來，創新作品是由多人努力合作創造出來的，團隊的領導者固然在掌握拿捏與確定方向及對外代表有其重要性，但對一個合作無間的即興創作團隊，隊員之間互動過程的奧秘往往才是成功的關鍵。

《團隊的天才：引爆共同協作的力量》一書作者的老師契克森米哈里（Mihaly Csikszentmihalyi）乃是「創造力」的當代導師，2006 年曾來台灣主講創意團隊成員間之「福樂」或「心流」（flow）。他的小孩也在 MIT 的「媒體實驗室」（Media lab）任教，2007 年暑假曾和「媒體實驗室」的一群博士生前來參與「科技、文化與城市」的創意工作營，並分享他們在媒體實驗室協作的經驗。我不知有多

少讀者曾在學期小組作業，或長達一年以上的小組專題，有經驗過「協作」及「團體創造」的福樂歷程與喜悅。

根據我們過去的研究，單打獨鬥的實驗室即使獲得過傑出卓越獎，所能成就的創新多半是小 C（creativity），要能有大 C（Creativity）的突破性或較有創意的驚人洞見，則通常是跨領域的團隊協作。過去，國科會也獎助一些整合型計畫，但多半還是個別分頭去做，分工有餘，但結果仍是整合不足的現象。因為整合需要花費很多的時間，培養彼此的信任、默契，聆聽同儕的想法。現在台灣的人都很忙，一個跨領域、跨校的團隊能長久在一起研究、協同運作變成是非常奢侈的事，因此也不容易產生有大 C 的團隊。

這本書正是打破傳統「創新是曠世奇才的傑作」之迷思，在九〇年代初創新領域的研究者發現傳統以個人天才來成就創新的研究有了瓶頸，他們轉向以團隊為田野的研究。作者更是以「即興式爵士樂團」和「即興式劇團」為研究對象，發現團隊協作、自主管理，平常多參與即興創新，與熟悉的團體透過心流解決問題，辨識問題型創新等有趣的概念，再和企業產品創新，成功的產品設計公司的運 作案例去呼應。

英國奇幻小說《魔戒》、《納尼亞傳奇》的作者托爾金（J. R.

R. Tolkien）和路易士（C. S. Lewis），我是看了這本書才知道他們兩人是牛津「淡墨會」的核心人物，且這兩部鉅作是此一寫作圈同好們協作打造出來的。2007 年九月底在政大首映的《爵士浮生錄》也是記錄爵士樂大師賀比·漢考克（Herbie Hancock）的封箱創作之旅，描述他和九個音樂達人協同即興創作音樂的歷程。從影片中可看到他與這些藝人間的心流、互信、和即興創造的喜悅。這歷程中其實充滿不確定性與可能失敗的風險，但要創新就是要走出自己的舒服區（comfortable zone），走出框框，才會有意外的收穫。

　　作者除了以他深入田野的即興創意過程研究為立論基礎，也藉由科技發展史，如摩斯電報、萊特兄弟飛行器，並由創新產品、創新市場，如電視機、登山自行車、自動提款機、本田輕型機車在美國市場的推廣、大富翁遊戲的演進等個案來補充引導，詳細追溯其創新歷程，找到不同於先前知識的積累，不同的人在不同地方嘗試錯誤，靈感的火花需經過預備、暫停、選擇、淬鍊的過程，才能得到有意義的成果。作者在書中也引用許多「創新與創造力」學術社群的研究成果，同時也介紹許多創造力的「教學工具」，可在公司或教室進行演練：如「遙遠聯想測驗」、「概念移轉與組合」等，都很實用。

　　過去十年，從自由軟體開放原始碼啟動的「創新民主化」、維基百科、web2.0 使用者共創，到最近的開放式創新，以致 Google 的顧客協作網路、IBM 的「創新腦力大激盪」Innovation Jam，逐漸讓人看到不同創新的可能途徑。尤其是 Google Earth，YouTube、GPS 定位及 3G 頻寬建設完成之後，網路的搜尋從「文字」轉到「圖像」，這個典範與工具的移轉也會帶來嶄新的創新機會。這個發展也呼應了作者對於「創造協作型經濟」的提倡，作者因應團隊創造力協作型經濟也提供所需的法律系統建議，這些非常前瞻性的想法，對習慣於「工業經濟」的法律人或經營者會是很大的挑戰。若你相信「協作創新」的話，提早準備應沒錯。

　　　　(原載於《團隊的天才：引爆共同協作的力量》，推薦序，天下雜誌出版，2007)

汽車也可以成為一種服務嗎？

────────── ● ──────────

　　IBM、Phillips、宏碁、台積電都說自己要成為服務業，豐田、日產、裕隆、華碩哪一天也有可能嗎？《普哈拉的創新法則》作者普哈拉（C. K. Prahalad）與克利斯南（M. S. Krishnan）認為是有可能的。普哈拉從《消費者王朝》（2004）及《金字塔底層大商機》（2005）等兩書就開始提倡「與消費者共創」的概念。這幾年之間，因「無所不在」（ubitiquous）的網通技術、業務「委外」、「體驗經濟」及「服務科學」等快速地盛行，這本書更進一步提出 N=1、R=G 的核心概念。

　　N=1 是與顧客一起創造獨一無二的經驗，且一次一位顧客，這是企業所能提供最高的境界。作者舉出無數的例子，如 Google、Facebook、eBay、亞馬遜網站與星巴克咖啡（Starbucks）等，有些企業已經做到或已很接近了。而 R=G 則是說明沒有哪家單一企

業擁有足夠的資源能單獨完成。因此資源（Resource）必須動員與整合全球（Global）的伙伴，從零組件到服務模組，包括消費者本身，這樣的例子不只發生在歐美先進國家，新興市場如印度也有這樣的個案，香港的利豐集團亦是。

在 N=1、R=G 的架構下，製造與服務、軟體與硬體、產品與流程、B2B 與 B2C 的分類可能已過時了。作者提出一個相當創新的輪胎公司例子。輪胎公司不再是賣輪胎，而是以服務來收費。他們和車主訂約，以使用里程來收費，合約依使用的輪胎類型、載重考慮及路線等一些因素，以及車主的個別因素，如駕駛習慣、駕駛品質、修正胎壓等維修、及輪胎替換的頻率來訂定價格。因此輪胎只是一個產品、一個載具，營收是根據其使用，而不是單一次的銷售。另外 ING 糖尿病患者的保險與保健案例也帶來啟發，但為了了解與監測消費者的行為，如何兼顧隱私可能是要注意的問題。

為了連結 N=1 與 R=G，企業從組織、技術架構、人力資源及流程上都需要進行觀念的改變與調整，才能打造即時重新配置資源的內部能力，才能在這個新興創價的場域裡有競爭力。對企業而言，資源的「可及性」比「所有權」重要，要在必要的時候可以動員人才、元件、產品與服務，但不一定要「擁有」它。對顧客而

言，很多廠商所提供的其實是「功能」（Utlity），如運算能力、影印、運輸能力或如上述的輪胎，不一定要擁有該產品，顧客需要的是解決方案或服務。

另作者也提到「遺忘與學習」的重要性（「創造3力」中的2力）；最後作者也認為 N=1、R=G 會成為一個「社會運動」。因新世代的消費群，是在預期自己被當成獨特個體對待的情境下長大，個人化和社會網絡的網站數及顧客數，如雨後春筍地成長，加速形成這個趨勢與運動。我們的企業、組織、人力與相關技術準備好了嗎？

（原載於《普哈拉的創新法則》，推薦序，麥格羅‧希爾出版，2008）

價值創造的關鍵因素──人

崛起中的印度，對台灣大部分的人來說，都還相當陌生，三十多年前的我們從奧斯卡的《甘地傳》，得以管窺這個陌生的國度及其文化的一部分。最近從電影《貧民百萬富翁》到《三個傻瓜》，也讓我們對今天的印度多了一些不同面向的理解。從企業管理的角度，印度在「資訊委外服務」領域的成就，時有所聞。對以硬體製造起家的台灣，較難理解其竄起及規模，我們的軟體服務一直做不大。

《員工第一，顧客第二》一書作者文尼‧納雅（Vineet Nayar）2005 年接任 HCL 公司的總裁，以其接執行長後的親身經驗，鉅細靡遺地描述他落實跟體悟「員工第一」的過程，十分生動，那些場景躍躍欲出、靈龍活現。但「員工第一」的概念及實踐是否能普遍適用，我覺得或許和行業的本質有關。有些行業是「資本」密集，

如石化等重化工業，以投資規模及生產設備取勝。員工在這類產業是「配合」生產線的勞動，比較不會被擺到第一位，資方也不一定認真在爭取一流的人才。六輕一再發生意外，當然和管理鬆懈有關，也應和員工如何被看待有關。台積電吸引到很多優秀人才，和其規模名氣與企業文化都有關係，但在不景氣時是否能緊守員工第一，和勞方共體時艱，做到像 IBM、3M 早先從不解僱員工，他們會認為人力沒有發揮，是因為人才沒有擺到對的位置。

有些服務業則是「以人為本」，其價值是由第一線人員的專業創造出來的，品牌及裝潢雖然也有部分間接效果，但人進人出的公司營收乃是由每一次的顧客接觸及服務得來的。像迪士尼樂園的興榮，除了和其遊樂設施及營運流程攸關外，也和其影視娛樂的連鎖運作及品牌形象有關，但顧客的滿意程度與現場人員的互動經驗才是關鍵。像王品集團的各個餐廳亦同，王品的店長、主廚、以至工讀生的薪資都比同業高出許多，但其人力成本並沒有因此比其他公司高。由於王品非常重視企業文化的塑造，如王品憲法、龜毛條款、爬百岳、吃百家餐廳等作為，員工穩定性很高，招募成本、訓練成本都很低；因員工滿意、工作勤快且熟練，顧客滿意自然就跟著來。當然王品也做到這本書中所說的透明度高、建立信任，各店

的營收、成本，幹部都非常清楚，形成良性競爭、良性循環。

作者文尼・納雅所從事的「資訊服務業」亦同，軟硬體架構雖然很基本，但能產生價值的還是第一線員工的服務與創意。在矽谷的科技公司，像 Intel 創辦人摩爾（Gordon Moore）就說，在這裡是有知識的人說話算數，既不是官大學問大，也不是有錢的說了算。知識經濟裡，最關鍵的生產因素是知識，而人是知識主要的載體及原點。公司價值是由知識搭建的，不是土地，也不是機器設備，資金更不是關鍵，如 Google、Yahoo 的市值遠大於其有形資產。

員工是公司最重要的資產，但在財報「資產」科目上完全看不到，只有在損益表的費用科目上，人力若是資產也會折舊的，是需要持續投資去維護的。「員工第一」不只是口號，它是一種理念，尤其是如果你的行業是靠腦力或創意，像是文創產業中的許多工作。但要真的落實這理念還需有書中所提出的很多配套，如反轉金字塔、當責轉移，360 度調整；很多新的指標與衡量，如員工熱情指標、熱情社群等；否則口惠而不實，可能會有反效果。如何讓「顧客」明瞭，「員工第一」可以為其創造及維繫價值，雖說「顧客第二」，但實際上受惠的還是顧客。

這本書相當實用，又像小說容易讀，並且是印度很成功的資訊服務業，和我們所熟悉的跨國公司有相同也有相異之處，因此對「員工第一」也有一種不同的說服力。

（原載於《員工第一，顧客第二》，推薦序，繁星多媒體出版，2011）

你最近共創了嗎？

———————————— • ————————————

　　創新領域的書過去十年如雨後春筍，每年都會有好幾本出台，但並不是每一本都有「新」的觀點，有助於我們對創新的理論或實務之發展往前推一步。雷馬斯瓦米（Venkat Ramaswamy）和高哈特（Francis Gouillart）的《共同創造到底有多厲害！》，看來並不是過江之鯽、其中的一本而已，它讓我們了解到「共創」是現在及未來創新的不二法門。

　　「共創」（co-creation）的概念雖然最早可追溯到 1994 年，普哈拉和雷馬斯瓦米在《消費者王朝》（*The Future of Competition*）中提出，他們將麻省理工學院艾瑞克・馮希培（Eric von Hippel）的「使用者創新」概念進一步一般化。他們提出的兩個重點，至今仍很重要。一是在談創新時，「價值」比「產品」或「服務」本身重要，二是價值是價值鏈中的夥伴合力參與的經驗所創造的成果。

在這個基礎上，《共同創造到底有多厲害！》這本書的內容收集了過去十多年來在公部門、私部門、社會部門，以及國際間不同組織的「實踐」，包括蘋果的 App Store、IBM 的 Jam、Nike plus、星巴克線上平台 MyStarbucksIdea.com，與其他幾十個案例，讓我們可以歸納出來，共創的參與及平台要如何設計、流程如何運作、成果如何管理等具體可行的依據。在這些年當中，其他創新的理論及概念，在書中也被整合進來，包括開放式創新（open innovation）、「體驗」經濟、眾包（crowdsourcing），各個利害關係人參與的「體驗價值」是共創的關鍵。網路及資訊、通訊科技使大家聯繫的成本降低，固然是重要的促成因素，但社群及分享參與的精神更是共創的核心。

這些在西方發展出來的理論與實務，是否適用於台灣，或者台灣的組織是否也有類似的經驗、類似的創新？當然有，像中子文化過去四屆在華山舉辦的「簡單生活節」，由簡單生活的「主題概念」集結了各種創意市集與演唱會，與消費者、華山及相關贊助廠商共同創造了兩天美好的經驗，各獲取其價值。過去兩年也在華山舉辦的村上隆「藝祭」，是另一種形式的共創，幾百個畫家，村上隆、其評審團隊及參訪觀眾，因為參與而共同創造了一天很豐盛的藝術

饗宴，且對入選的畫家、村上隆及華山各自獲取其價值。過去幾年爆紅的「超級星光大道」節目，更是集歌星選拔、評審、觀眾及市場需求，共同創造了許多歌星，本身也是一個叫好又叫座的節目，也捧紅了那些評審。

風靡全球的 TED 更是一個典型的共創案例，主辦單位創造了一個參與的平台，讓很多有創意的人願意到這個平台來分享，很多的聽眾願意花六千美金到現場去參與，後製的影音檔又透過創用 CC 的精神，快速地傳播到世界各地，更強化了其吸引力，變成一個正向循環。

因為共同參與及分享是共創中重要的元素，因此「社會企業」的機會與可能性大大提高，但主辦單位要小心拿捏，在價值分配上要能公開與公平，此一生態體系才能共利共生，持續發展。又因每個人的「經驗價值」不同，共創並不是傳統市場的一個零和遊戲，共創可產生大於個別的總和，且如何在不同的價值上有創意地分配也有很大的空間。

很巧地，《哈佛商業評論》2011 年七月份的封面主題「群的領導」和共創有異曲同工之妙，包括合作式領導、無私的基因（分享及參與感）、才智共同體、協力成企業、合作社群等幾個概念都

可互相呼應，「德不孤，必有鄰」。

在你周遭一定隨時有很多共創的現象在發生，你有沒有觀察到，你有沒有參與其中呢？

（原載於《共同創造到底有多厲害！》，推薦序，商周出版，2011）

好一個 X

———————— • ————————

　　身為 frog design 的創意總監，《X 創新：企業逆轉勝的創新獲利密碼》一書作者亞當‧理查森（Adam Richardson）很「務實地」指出今日企業所面臨的問題，從他的經驗與親自操刀過的案例，提出來的解決方案，確實有說服力。尤其「惠普」是他多次引用，很熟悉的客戶，經過他的分享與分析，讓我們對惠普最近宣布要分拆個人電腦部門背後的思維，更能掌握一二。

　　理查森用「X 創新」為題，以「X 問題」（以前從未被問過的問題）出發，來彰顯今日產業界線模糊，產品與服務交錯、整體的體驗、結合軟硬體才能成為完整的解決方案。從這樣的情境脈絡出發，X 代表未知、不確定、極端、神秘、機會等概念與意象。史丹佛大學在十年前就用 Media X ，BioX 來為其跨領域的「研究取向」命名，以這些名稱命名的新大樓，其設計就是要讓跨領域的人有最

大的機會碰撞，發揮交叉學習創新的可能性。政大在推動主題書院，以住宿及生活教育來彌補當今倚重「課堂教育」的偏差時，也將原本的「創意學程」轉型成「X 書院」，其招生海報就主張「大學小革命」，其意義和思維與 frog design 及史丹佛大學的 X 是一致的。

　　有些人覺得 X 的印象和聯想不是那麼正面，但我們正是取其對已知的有限與不足有所反省與警惕，面對未知的坦誠與尊重，強調實驗、體驗，做中學才是面對之道，和作者的發想有異趣同工之妙。有人開玩笑說：「不創新則死，但創新死得更快。」創新已不是「做不做」的問題，而是「如何做」的問題。近十年，像 frog、IDEO 這些設計公司，因環境改變，已不只純做工業設計、產品設計，而是以較整合性的諮詢顧問吸引原先只找麥肯錫的專案。顯然設計的原理和策略是有相通之處，而且設計公司能提出的診斷及解答或許有超越傳統顧問公司之處。設計在組織裡從最早的美工到設計課、設計部，從設計經理到設計總監、設計長（CDO），甚至謝榮雅提出的「設計 4.0」，更將設計提升到董事會決策階層的位置，才能發揮其最大價值。

　　作者在書中提出「創新診斷」的七個問題，是每一個想要創新

的公司必須誠實面對並予以回答的，問題涵蓋了策略、核心洞見、競爭對手、組織能力與客戶互動等。作者的副標題「逆境轉勝」（Toughest Problems are its Greatest Advantage），如何將險惡的問題轉化為機會，是創新最大的動力，書中所指的「創新」涵蓋破壞式創新、應用創新、產品創新、平台創新、流程創新、體驗創新等。其所提到的四個方法，融入（immersion）、彙整（convergence）、多元（divergence）、適應（adaption），和「設計思考」（design thinking）中的體（empathy）、鍊（define）、創（ideation）、塑（prototype）、試（testing）的方法與步驟相似，但其問法及解決工具更全面，比較不限於產品面，更能回答「創新診斷」的七個問題。

因創新 X 從不知道答案，且從不知道的問題出發，時間的推演及過程就很重要，適應的概念即透過不斷地測試和市場互動，一個創新努力會影響另一個，作者也提供策略、組織如何配合創新的章節，最後提出四個真相作為結論。這四個真相是「顧客體驗是每個人的事」、「不是每種可算出的事都有意義，也不是每件有意義的事，都能被算出來」、「人才很重要」、「從高層開始」。這四個真相和我平日在各專欄所寫的觀念有很多類似的地方，也和我們在

推動的 X 書院有很多相同的理念，有一種找到知音的喜悅。要領
導組織通過 X 問題的考驗挑戰很大，希望這本書能對你的創新有
幫助。

（原載於《X 創新：企業逆轉勝的創新獲利密碼》，推薦序，繆思出版，2011）

推與拉的軸線大翻轉

──────── ● ────────

　　《拉力，讓好事更靠近》這本書所揭示的「大移轉」（Big Shift），從推力翻轉成拉力的現象的確正在發生。當然在台灣可能還不是這麼明顯，但也可以發現已有一些線索。三位作者將之剖析後，提供了一個架構，有助於我們更了解其背後運作的機制。因為科技不斷在發展與應用，社會、組織、人類的行為也因此不斷地調整，做（成）事的方法、重點也會有所不同。在每天發生表面上可能不相干的事件，有人就是能夠從中梳理出其關聯的脈絡，這是「創新」很重要的來源。

　　過去十多年來，三位作者之前的著作都成為暢銷書，從《網路商機》、《網路價值》、《資訊革了什麼命》，是一路陪伴我，解讀、詮釋網路出現以來的社會變革或管理意涵重要的參考。因此像我一樣，大部分的讀者對這本書能提供我們什麼新的視野或觀點，或者

能勾勒出什麼新地圖，都會有很高的期待。

　　二十世紀的運作方式、思維典範、標竿公司在今天有「可能」已不再有效，甚至是負面的教材，也就是我們面臨了大移轉。有些機構已警覺到，啟動了自我更新、重新再造的工作，如政大的傳播學院，在媒體科技快速的更替，改變了整個產業的生態下，從內容的創造、生產，到流通、傳播，到消費端的接收與閱聽，都起了巨大的變化，是一個典型從推到拉的過程。因此，傳播教育，在學校要教給學生的內容及方式都起了變化。但一般在大學裡並沒有太多的人有這樣的自覺，在可能被淘汰、被顧客（學生、雇主）唾棄之前自行調整。這些變化是逐漸發生的，我們已聽過學生的不滿意，雇主覺得你的產品（學生）難用，但學校並沒有認真回應。

　　今天的企業因技術、資金、人才、知識的移動相對無障礙，多國企業的利益和國家的利益不見得一致，對個別企業好的事，對國家不一定好。資本主義發展到今天，已超過國家的框架，我們希望企業要根留台灣，不要債留台灣，卻好像還沒發展出來適當的機制或辦法。企業是動物，狡兔三窟、或逐水草而居，在全球活動布局才能維持其競爭力；而政府是植物，和土地離不開，要有「根」，出了國門疆界，對其人民、企業的掌握度並不高，用行政命令、審

查將企業圈在國內，恐怕對企業的發展有不利的影響。

　　過去的世代是用「推」的，主要根源於需求是可以預估的，然後依「計畫」或「慣例」來進行各種活動及規劃資源。作者花了一點篇幅來說明推力的架構與體系，是如何由蒸汽引擎、電力和汽車三項重要的科技所形塑。在二十世紀展現了規模經濟的典範，從大量生產到大量消費，需要大量的傳播。「大移轉」的三個浪潮所依據的前提條件，因新科技的發展逐一瓦解中，而拉力的基礎架構及作為概念正在興起。三個浪潮的第一波是從微處理器和網路開始新的數位架構逐漸成形，第二波是知識的流動替代了穩定的知識體系，內隱知識比外顯知識來得關鍵，第三波正是以拉力為方法的企業越來越多，其創新的速度與幅度方興未艾。

　　「茉莉花革命」即是一個拉力演出的戲碼，以推力為腦袋的保守派無法理解自己是為何被推翻的，拉力的運作模式涵蓋其「取得資源」、「吸引關注」到「發揮潛力」的過程。過去擁有資源是重要的，但現在被「取得資源的能力」所取代，從維基百科、社群到雲端都證明了這個趨勢。「增加機緣」才能提高關注的效果，累積更大的能量，目前已有許多連結的平台能創造、孕育多種機緣，從微軟、google、到臉書都是善於運用機緣的安排與成果。第三層拉

力的最高境界則是運用前兩層的拉力「創造空間」，發揮出個人和企業最大的潛能。

「學習拉力」一章用一個個人「李威」人脈建構的實例，類似梅迪亞效應相當生動，將拉力的運作，做了淺顯易懂的說明。過去也講人脈存摺，但在共創的時代中，有許多「弱連結」及如何做一個「有禮貌的攪擾者」是相當關鍵的。

「拉力從上層拉動的力量」一章指出培養人才的新方向，在開放式創新的架構下，「公司雇用的聰明人總是少於外界未雇用的人數」，就像擁有資源比不上取得資源的能力，人力資源亦同。在大陸積極磁吸我們的人才之際，此章提出的方法似乎是一個槓桿解套的方法。

過去十年來我們目睹太多無法預料的變革，從 911 到 ipad，從金融危機到歐美的國債，各國政治人物很努力，卻無法改變其「無感施政」（從植物變礦物），顯然是有些事情已經翻轉了，但仍沒有自覺。很多推力世界的典範，一一應聲倒下，我不知道「拉」是否是萬靈丹，但至少三位作者提供的處方是值得一試的。

（原載於《拉力，讓好事更靠近：自然匯聚人才、資源，讓企業快速成長的嶄新模式》，推薦序，天下文化出版，2011）

付得起的健康照護

———————— • ————————

　　人類壽命延長，人口不斷地增加，生老病死都離不開醫院，健康照護是全人類共同的問題。但美國的問題又最為特殊，美國的健康照護佔 GDP 的 16%，在全世界來說是一個奇葩，其他先進國家多只在 10% 左右。以我實際在美國和英國居住過（生病過）的經驗，美國的醫療服務成本並沒有表現在它的品質上。雖然各國的健康照護體系都有財政上的問題（包括台灣），但沒有一個國家需要花這麼多錢，且還不是全民受惠（五千萬人無健保或保險不足），受惠者獲得的品質也不一定較高，到底什麼地方出了「毛病」？

　　健康（醫療）照護體系是一個包含醫藥、技術、檢驗、診斷、處方、手術、復健、保險福利、公共衛生、病人親屬等面向。從很專業的軟硬體技術研發到行政管理系統的維運（operation），如病歷資訊的管理到醫療廢棄物的處理；從人道關懷到健保給付、誤醫

糾紛等社會、法律、人文及政策的層面，是一個非常錯綜複雜的體系。誰才能對這涉及多方利害關係人的龐然大物進行「診斷」、開「處方」？醫學界或醫院管理領域或許當局者迷，若它們能解決這問題，就不會變成今天的狀態。

因此，管理學界的大師也都想對這問題能有些貢獻（旁觀者清？）。麥可・波特（Michael E. Porter）在 2006 年曾寫了一本《重新定義醫療照護》，後續也在相關期刊與不同的學者合作發表過許多文章，或診斷、或開處方。2011 年還在《哈佛管理評論》寫過〈如何解決健康照護的成本危機〉。《創新者的處方》這本書的作者，也是創新大師克里斯汀生，在《創新者的修練》一書中即有專章討論健康照護產業，甚至早至 2000 年即在《哈佛管理評論》發表〈破壞式創新能拯救健康照護嗎？〉。

在《創新者的處方》這本書中，克里斯汀生和兩位醫師作者對健康照護產業的處方，是以其一貫的「破壞型創新」來解決。首先是他們認為現在的技術有辦法以患者臨床狀況之根源（而非根據身體症狀），來進行明確診斷，發展出對每位患者都有預期成效的療法，並予標準化，即以「精確醫學」來降低成本。其次是經營模式的創新，綜合醫院和診所原本是來解決三種性質不同的任務，但目

前的收費方式全混在一起，作者建議應將問題解決工作坊（以量計
酬的診斷）、加值流程企業（以醫療處置產出）、增益式網絡（慢
性病治療），三種經營模式分別處理。

　　作者很用心地分別專章針對健康照護產業的各個利害關係人及
主要環節，包括醫院、醫師、慢性病照護的經營模式，對健保的給
付制度、製藥業、醫療器材和診斷設備，還有產業人才、醫療教育
的未來，以及相關規制（政策與法規）改革，進行診斷，並一一以
破壞式創新開出處方。

　　各國人民有適當的醫療照護應是基本人權，但健康照護不同於
其他產業，並不是消費越多越好。國民的健康照護做得好，大家都
健康，醫療需求就減少，對經濟的貢獻就少。也就是醫療照護花錢
最多的國家，不表示他的國民健康最好，可能是最糟，這個矛盾或
許是問題的根源。

　　　　　　　　（原載於《創新者的處方：克里斯汀生破、解醫護體系的破壞型解答》，
　　　　　　　　　　　　　　　　　　推薦序，麥格羅‧希爾出版，2012）

創新的迷思

二十年前政大科技管理所（英文名稱 Technology & Innovation Management, TIM）創立時，還較少人提到「創新」。今天「創新」已是各種會議、討論、學術殿堂、公司策略中的議題。這段期間台灣的產、官、學、研各界不遺餘力，從西方學了不少創新的理論與典範，引進不少實務作法。我們透過各種方式鼓勵創新，從前端的研發投入，各種科專計畫、創新競賽、育成、到成果的表揚。

但若把台灣放在全球的創新舞台上，經過這些努力，我們表現得如何？除了在美國專利申請的數字不斷升高、二十年前台積電（TSMC）獨創的晶圓代工經營模式、及最近在各項設計大賽中得獎之外，我們貢獻了什麼樣說得出來的創新，不論在技術上、在營運模式上？因此，在台灣我們所進行的創新方式有什麼改善的空間？我們對創新是不是有什麼迷思？

　　《別在稻殼堆中找麥粒》這本書正好可以破解我們一些「創新的迷思」。很多我們習以為常的創新「傳統智慧」並不是那麼理所當然。如 3M 及 google 的 15% 或 20% 的自由時間，有利於創新？在這兩家公司全員工中多少人有這樣的權利？目前的營收中有多少是來自這些自主的時間所研發出來的成果？

　　另一個迷思是，獲得更多點子就會導出更好的創新（crowd souring）。很多組織透過各種創新比賽來收集點子，像中華電信、L'Oreal、Toyota、ATCC 每年都辦創意或創新比賽，但他們從這當中獲得多少可用的點子？他們可能多少達到公司重視創新的廣告行銷效果，有部分公司可能得到創新人才的選拔或晉用，比較像「美國偶像」或台灣的「星光大道」。但我們在 If、紅點大賽中屢獲大獎，以及在日內瓦、紐倫堡發明展中得獎的創意作品，是否對我們的產業帶來加值？

　　書中也舉了英國石油公司的例子，他們為解決墨西哥灣「清理油汙」收集到十二萬個創意建議，但有多少能用？其實創意競賽的題目如何設計，如何篩選收集到的點子都是「專業」（但要訣 5 說專業是創新之敵）。書中要訣 10（競賽 vs 懸賞），及要訣 29（仿效電視實境秀）都提到「競賽與創新」的問題，也呼應了書名「為

何在稻米中找不到麥子」？

上述我們提到有許多創新的「獎項」，其實有些是獎勵其創新的成果，屬「錦上添花」；有少數是「雪中送炭」，重點是挖掘明日創新之星。以經濟部技術處的「創新成果獎」為例，早期只有「創新技術」與「創新產品」兩項，中間經過多次修正與改進，目前分為技術／ Know how 類、產品系統類、製程／流程創新、策略創新類。每年都會有一、二十家公司或團隊以過去的成果得到這個獎項。創新獎的規模、榮耀與知名度可能還沒有「國家品質獎」或「磐石獎」這兩個頒給總體營運績效企業的獎來得高，但這也平實地反映出「創新」不是企業的「最終績效」，我們也不能將「創新」無限上綱。

這本書也將創新分成流程、策略、評量、人（能力）和技術等面向討論，作者指出很多「似是而非」的迷思，重點是我們如何將創新從偶發的事件，透過流程與架構，讓創新成為一種能力，再進展到讓創新成為一套體制，一種生態，像呼吸一樣自然。創新需要動機，需要能力，也需要正確的評量。要訣 21 說得好，「評估什麼就得到什麼，但可以獲得想要的結果嗎？」上述的競賽或獎勵不也都是一種「評估」嗎？創新還有許多其他的迷思，如：挑戰大小

適中（要訣 7）、沒有一體適用、萬事通這回事（要訣 8）、競爭 vs 合作（要訣 11）、績效矛盾（要訣 22）、時間壓力（要訣 23）、失敗的定義（要訣 24）。

創新這門功課，二十年來不斷有新觀念、新作法被提出來，但概念的「折舊率」很高，本書提到了一些，如：市調遜斃了（要訣 14）、委眾（crowdsouring）及淘汰提案非決定贏家（要訣 12）、最佳實務（Best Practice）是笨方法（要訣 18）。創新的話題這麼多，真是不可人云亦云。創新的好處是每年都有新的教材可教，這是教創新有趣的地方。

（原載於《別在稻殼堆中找麥粒》，推薦序，時報文化出版，2012）

相隨心轉

　　傳統的經濟學是建立在資源稀少、慾望無窮的假設上。從馬爾薩斯的「人口論」到羅馬俱樂部「成長的極限」，都在強調資源的不足。唯一不同調的是，1960年代高伯瑞（John Kenneth Galbraith）《富裕的社會》（*The Affluent Society*）描述美國到二十世紀中葉的發展與繁榮已超越資源匱乏的狀態。之後，七〇年代經過二次石油危機，全球環境生態的情況日趨惡化，人口問題、飢餓貧窮的問題看似一直沒得到妥善的解決。

　　但五十年後《富足：解決人類生存難題的重大科技創新》一書的兩位作者卻再度提出「富足」（abundance）的觀念。這只是不同年代都有樂觀科學家的妄想，還是真的有什麼新的證據、新的發展，值得我們重視。

　　這本書的兩位作者基本的論述是由於網路及知識經濟的來臨，

經濟持續發展的關鍵生產要素已從有形的物質與能源轉為無形的科技知識與創新；產出的產品或服務，也因數位化的普及，產業去物質化（dematerialization）的現象已浮現，如音樂唱片業、軟片及相紙的照片業早已走入歷史。新經濟的原動力及產出形式，由於知識的非排他性、非互斥性，且越交換越多，為地球的永續帶來一線曙光。

另一方面，大陸及印度市場崛起，所需的物質與能源確實造成價格的緊張。基本原料的上漲，會激發出替代物質及產品的創新，能源效率也因此日漸提高。近年來，更有簡樸創新（frugal inno-vation）、平價奢華的趨勢，因科技的進展以及人類的創意，使得「享受」及「富足」的碳足跡亦可相對減少。

雖然我們都受制於「地球只有一個」，但腦袋創意可以有無限多。更重要的是我們的世界觀、生活觀，我們的心智活動會影響我們的行為。甘地曾說過這個地球可以滿足所有的人，但滿足不了一個人的野心。糧食、潔淨水的問題，當然有實質的總量供給問題，但有更多是分配與利用的問題，不同地區、不同產業間的替換，就有機會大幅改善現況。

人類關注的問題更可以被「激勵」出來，作者本身以其設立 X

獎及執行的經驗，特別明瞭獎勵與創新的關係。更重要的是，因網際網路的普及，鄉民、群眾的創意與力量不容被忽視，分散的智慧會讓豐盛的創意得以參與解決「不足」的問題。「富足」的概念之外，我覺得還可加上「機緣」（affordance）的觀念，我們講的科技進步，乃至各種危機，都是激發我們創意的機會。另一個是「負擔得起」（affordable）的概念，當人類用「負擔得起」的概念來面對各種問題時，我們也會變得較為「富足」，不會再強求非屬於我們的福份。當大家都有匱乏的意識，就會有自私相互爭奪的行為；當大家都有富足的意識時，可能會改變你爭我奪的行為，尤其知識越分享越多的網路效應，應有機會改寫過去的古典經濟學。

　　泰國「充足經濟」（sufficient economy）的概念，對一直在講究效率（efficient）的台灣是一個很好的對照。泰國的科技並沒有我們發達，但近年來其創意經濟的發展卻有目共睹，讓每一個人都「充足」出發點，會寫出的篇章和效率掛帥的經濟將會十分不同，也就是相隨心轉。

（原載於《富足：解決人類生存難題的重大科技創新》，推薦序，商周出版，2013）

經典的創新範例

　　創新的企業很容易被寫成個案、自傳或專書，大家都會想了解其中的奧秘，他們是怎麼做到的，從創立事業、如何掌握到機會，到如何發揮「執行力」去實踐創新的點子。本篇所談的十一本書，涵蓋不同地區、不同行業、不同年代的創新典範。

　　首先是本世紀初迅速崛起、如日中天的 Nokia，《溝通的夢想家》（2001），因反應不及一舉被擊垮，也成為「典範移轉」的經典案例。不過芬蘭「不讓任何小孩子落後」（No child left behind）的教育政策，及整個社會對創新的重視，讓此巨星殞落對國家的影響降到最低。Nokia 認清情勢後，迅速地處理自身有形、無形的資產，也讓離開 Nokia 的員工能開創出很多新事業。不至於像許多其他國家，讓企業有「大到不能倒」（Too big to fail）的兩難困境。

　　晚近較成功的創新單位不只是在「企業」層次，而是遍及社區、動物園、車站等不同較大範圍的主體，且其效益也不只在傳統的財務回收，這也是野中裕次郎原文書名「創新的智慧」想要表達的意思。中文書名《北京的蝴蝶，東京的蜜蜂：了解創新的最後一本書》（2011）有其創意，不知多少讀者能夠欣賞，好像為尊崇「創新智慧」的深邃，一時不容易有人超越。

　　另外有兩本討論不同階段的 Google，分別是《翻動世界的

Google》（2006）和《Google 為什麼贏？》（2010）。Google 今天在全球及人類生活的影響力，都比這兩本書出版時翻了好幾倍，且到目前仍不時推出令人驚豔的創舉，如無人車、能源的開發。最近創辦人談到對財富的觀點也發人省思，我覺得可以回溯到第一本書中，他們童年時期，家庭飯桌身教的根源，一個人的格局和其養成歷程脫不了關係。大家都在等待這個強調「絕不為惡」的公司如何在規模逐漸擴大之後，仍然維持一個有創新活力的公司，而不會成為一個乏善可陳、無聊的大公司。

創新如果是 DNA 血液，Apple 在賈伯斯二度回來領導之後屢創佳績，且在後賈伯斯時代，過去累積的動能及建立的文化，還能撐住場面、維持其市場價值。《蘋果內幕》（2012）討論這個議題；在洞悉蘋果的作為之後，我提出「蘋果的管理方式能學嗎？」的疑問。《創趨勢，我們不做 me too》（2013）描述張明正等創業三人組所形塑的核心 3C 價值。「改變（Change）、溝通（Communica-tion）、創新（Creative）」這樣的「企業文化」有多深，從 2004 年他們在日本病毒碼危機處理的過程中，可以看出一些端倪。就像最近的食安問題，實在是各企業文化最深刻、嚴厲的考驗。

成熟的企業，如豐田公司就像任何大公司，都會在規模過大後

犯了一些錯，有的企業能即刻回魂，如日航在破產後的「逆轉勝」，《稻盛和夫如何讓日本航空再生》（2013）。另外，羅氏家族貫穿四百年不墜，《世界真正首富：羅特希爾德家族》（2012），打破華人富不過三代的刻板印象。我對「富可敵國的家族」在「二十一世紀資本主義」的時代意義提出反思，企業永續經營的價值與意義是什麼？如果它不再創新呢？

　　創新典範企業的流轉從西方到東方也是值得注意的現象，《亞洲企業正在征服全世界》（2014），如果二十世紀是大西洋勢力從歐洲移轉到美國東岸，再從東岸移轉到西岸，那二十一世紀就是太平洋經濟重心從美洲移轉到亞洲，但亞洲在商管重要的話語權是不是也會跟著移轉？

登 Nokia 而曉天下

————————— • —————————

　　多數人能記得「科技始終來自人性」的「諾基亞」（Nokia），但不太記得「易利信」（Ericsson）或「摩托羅拉」（Motorola）的口號或標語，這只是廣告創意上的偶然嗎？1998 年生產 4,000 萬台手機佔有全球手機市場 23% 的諾基亞，通過其手機讓許多人得以和各地的人溝通連結。諾基亞的崛起讓我們重新認識科技與經濟的世界版圖，從諾基亞發跡的歷史也讓我們遠眺地球另一端我們比較陌生、但在科技的前緣以及科技與人文的融合又做得這麼好的國家。

　　97 年夏天到北歐參訪諾基亞及易利信，對這二家通訊公司印象極為深刻。還記得在易利信午餐時，特別問他們對隔壁的諾基亞有什麼看法，他們笑答說：「十年前他們還是賣雨鞋的。」從行前對諾基亞相關資料的研讀，特別好奇 1992 年他們把其他事業都賣

掉的決策過程，諾基亞的人給我們一個較簡單的答案。如今看完了這本《溝通的夢想家》，對當時整個組織變革的來龍去脈、起承轉合就更清晰明白了。

這本書的作者史塔芬・布魯恩（Staffan Bruun）和摩斯・瓦倫（Mosse Wallén）對芬蘭及諾基亞的歷史「膠底鞋、衛生紙、電纜線」、管理風格、行動電話興起的科技與政策背景、關鍵的事件與人物、董事會的沿革及股權的更替，都有詳盡的報導與說明。這本公司傳記是同類書當中很有趣且較有特色的一本，除了它是當紅的行動數位通訊產業外，對這個小國寡民的芬蘭為何能產生領先風騷的企業（連芬蘭的乞丐都有行動電話），大部分的人應會有一定的好奇。

作者以約略相等的篇幅來鋪陳一個科技公司最重要的經營權、所有權及知識（技術）權的三個面向，以及其間的交互關係。從經營管理的角度來說，涵蓋了市場行銷、人力資源、製造與後勤、國際化等商管學院很熟悉的議題，是比較管理很好的參考素材。

特別是從技術策略及產品研發的角度來看，除了闡述從無線到行動，北歐如何在全球競爭、各國通訊管制中提早解禁，以北歐規格 NMT 闖出重圍；並說明了第一個買主對草創性事業，第一張訂

單對交換系統 DX200 聲譽的關鍵性，帶出主流設計爭奪牽涉到的
各種不確定性；此外也分析了未來產業標準之爭，從 GSM 到第三
代 WCDMA、GPRS，各家廠商卯足了勁，進行策略聯盟。在這些
產品與技術發展的過程中，幾位關鍵人物的遠見與執著，以及投入
研發的鉅額經費及人力（98 年佔營業額的 8.6%，約四百億台幣，
全公司有三分之一的員工約一萬五千名從事產品研發），即使這樣
要成功都還有屬於運氣的成分，作者對產品與技術的發展有很精彩
的描繪。當然，討論行動通訊不能錯過「手機與人體健康」，作者
讓手機業者對常打手機會不會致癌做了適當的辯護，這是風險溝通
的問題，我們最近不也有重金屬污染的魚及牡蠣之媒體風險傳播爭
議。

　　「電視機無用論」一章凸顯了在不當的時候介入已近成熟的市
場，又不能及時壯士斷腕，代價達一百億瑞典克朗的錯誤決策。至
於後見之明的自圓其說，包括讓原以工業產品為主的諾基亞在消費
品市場上打開知名度，及培養日後諾基亞在手機上對消費者的敏感
度，是否真那麼重要則有待商榷。因為電視機部門畢竟在 96 年還
是裁撤掉了，不同部門間的知識移轉能否那麼順暢，或者在董事會
學到的經驗能否往下傳達到作業部門都是問題，或者只要幾個主要

幹部心領神會就可移植過來，但百分之六十的幕僚早經過換血。另外，諾基亞在搖搖欲墜的 91 年沒與易利信購併成功，就是卡在電視機部門的去留談不攏，2001 年諾基亞的市值反而是易利信的二倍，這是歷史上的偶然還是必然？

有關所有權及股份更替的說明比我們一般財訊類報導的還要細膩，北歐也混和了一部分德國式的董事會及監事會的結構，讓我們複習了英美以外的萊茵資本主義。原以為「貧富差距」一章是要談科技產業帶來消費面的數位鴻溝，結果是談資方及金融市場的消長；即諾基亞一家公司或一支股票在整個芬蘭經濟中所佔的分量，造成的不平衡。「金手銬」則討論有關股票選擇權問題，在諾基亞的應用實務中也很有趣，大部分的經營階層並沒有像在台灣被要求鎖住一段時間，多是獲利了結，落袋為安。這是居高思危，還是在高科技公司風險太大，個人財務反而應保守些。同時我們也瞭解到，諾基亞經理人的報酬相對同級或同樣規模的企業並不算高，因此吸引人才或激勵士氣，可能要多管齊下，金錢上不是唯一的誘因。

人物的刻畫是這本書最吸引人的部分，從衛斯特蘭、凱拉摩、鳥歐里烈托、到歐里拉等關鍵人物，還有引狼入室的「庫里與死亡

之吻」，其中也牽涉到兩位高階主管以自殺終結，增添了幾分戲劇性。透過這些人物的成長及學經歷生涯，也使我們對北歐冰冷長冬的人文社會背景有了多一層認識。其實「天下」除了我們較熟悉的美國與日本以外，還有很多不同的「外國」與「外國人」，在歐洲的英德法義等大國外，北歐四天鵝也都孕育出很多傑出的人才與經濟成果。只是北歐的人名我們比較不熟悉，唸起來有點彆扭拗口，在閱讀時需要一段暖身才能分辨誰是誰。

諾基亞目前的領導團隊都在四十～五十歲之間，也就是和我們同輩的人，也與我們同樣處在共黨鐵幕老大哥邊緣，他們也都經歷過六〇年代末七〇年代初的學潮、叛逆。和美國同期的嬉皮不同的是，雖然在高唱社會主義的旗幟下長大，但在資本主義世界中遊走，將公司轉型成為頂級的企業也毫不手軟。能巧妙地維持中立，同時與西歐有較多的接觸，使他們比稍後轉型的波蘭、捷克或匈牙利有更出色的表現。

這些領導人物都曾到過西歐唸書，也在年輕時即有多樣的國際經驗，他們在同樣是白人的世界裡合縱連橫比較自然，歐洲的歷史跨國聯姻稀鬆平常，因此他們對自身的歷史與國際地理疆域的認識與我們十分不同。凱拉摩對芬蘭國際化的註解是每架飛機的乘客名

單上一定找得到芬蘭人的名字。歐里拉認為芬蘭並非地處偏僻，而是紐約到北京的中途點。最極致的是現在的 CEO 歐里拉只有五十歲，在芬蘭的成就已到頂了，有人勸他去選總統，但他的野心使他覬覦更大的世界舞台（諾基亞在 2001 年時世界排名三十多），是否有更大的公司要邀請他去一展長才。在台灣長大，同等資質與成就的人，能在世界舞台做怎樣的夢想，或者在大中華地區想超越什麼樣的標竿？

兩位作者是瑞典報紙的記者，整個故事的報導還算平衡，不管對公司或人物都不是一面倒的歌頌，其黑暗面、過去及未來的危機，都一一鋪陳。有關管理風格，也分別從管理階層、工程師及一般員工的角度來描述，其員工在「聯繫人群」（connecting people）之後加上「拆散家庭」的戲言也十分傳神，反映了高速成長科技公司緊繃的生活實況。

一樣小國寡民，科技企業急速成長，人才不足，他們的因應之道，適時引進國際人才以及根留芬蘭的努力，也值得我們在戒急用忍、三通、及加入 WTO 之際，做為人力資源結構性或摩擦性失衡的借鏡。

最後的幾章，諾基亞成立的基金已「超越諾貝爾」的規模，「來

自美國的信」係早期股東贊助老人的慈善捐款，上任董事長退休的「威尼斯舞會」，大家所稱讚的手機設計總監是來自「義大利設計風格」，雖然各有微妙的訊息要透露，但比起前幾章分量較弱，加上用緩和的節奏述說諾基亞「傳統部門的現況」做為結尾，顯得不能一氣呵成，像打拳最後的收尾無力，是比較遺憾的地方。

　　不過總體來說，透過這本書展現在你面前的世界，其豐富性遠超過我們較熟悉的美、日世界，是相當有營養的精神糧食。本書的作者原是以瑞典文撰寫（在芬蘭說瑞典語的只有三十萬，是少數民族），我找過亞馬遜及邦諾書店網站都尚未有英文專論諾基亞的專作，英語世界竟然沒有人有興趣出版這家優異有特色的公司故事，倒是值得玩味。

（原載於《溝通的夢想家》，導讀，商周出版，2001）

新經濟的創業故事

——————•——————

就像你家隔壁的兩個小男孩，佩吉與布林——這兩位 Google
創辦人——在平凡中卻有他們的「不平凡」。他們對技術與創新如
此堅持，也擁有優異的商業敏銳度。由他們一手創辦的 Google，
成長痛楚並不比一般公司來得少。從實驗室、車庫、創投到 IPO，
每一次成長與超越，他們都有自己的想法與策略，能在擴展公司營
運的同時，維持其充滿隨性、不拘小節的企業文化。

Google 的市值已超過一千億美元（2006 年 3 月 22 日）、EPS
一百五十倍，為哈佛、牛津、史丹佛、密西根等大學的一千五百萬
冊書籍進行數位化，幾乎每天都有三百則以它為標題的新聞。
Google 創業前七年，在商管學院卻有超過五十篇教學個案。
Google 沒花錢做廣告或促銷，經由免費的搜尋引擎就吸引許多使
用者、廣告主及「粉絲」，企業能有這樣的成就，Google 是第一

個，讓不少人希望能進入 Google 工作。

　　如果通用汽車的崛起代表紀律嚴謹的階層組織，是二十世紀上半葉現代工業化社會的來臨，那麼 Google 應是二十一世紀網際網路新經濟時代的代表性企業。它幾乎顛覆了華爾街、華盛頓、舊經濟體既有的產業競爭與遊戲規則，絕對是一家值得深入了解的公司。《翻動世界的 Google》一書作者藉著 Google 企業故事的鋪陳，順帶說明二十一世紀商場上的常識與現實。對本地讀者或對美國商業運作不特別熟悉的人，應可經由這些企業故事的推演，進一步認識新經濟的主要成員與運作，而這些故事也直接挑戰了我們熟悉的科技、商業、文化、融資、廣告、甚至法律等領域的前沿。

　　在 Google 這些年的成長過程中，和其交手的公司一一都被這本書提及，間接反映了矽谷及「dot.com」公司的發展與泡沫歷程。Google 的專注執著、盡量延緩上市與創新的手法等等，與部分失敗公司的經驗與經營模式形成強烈對比，致使原本在科技與市值領先的雅虎及微軟都被 Google 迎頭趕上，甚至超越。

　　Google 能不斷吸引優秀人才，和它創造的企業文化有關，其中與飲食文化有關的章節「艾爾斯的驚奇餐廳」相當有趣，描繪出創新組織所依託的文化與空間（和通用汽車的工廠生產線與食堂絕

不相同）。此外，本書還描述主廚艾爾斯為布林與佩吉三十歲生日宴會準備的餐點細節。有些人可能認為這些枝微末節的事沒什麼好提的，但我認為經營事業除了在嚴肅的決策上做對，透過美味、健康與免費的餐飲，打造一個好玩、提供營養的高生產力環境，也是Google 在企業組織上出的奇招。

和亞馬遜、eBay、Skype 等一樣，這些大量運用「網路效應」、顧客資訊及參與的企業，是新經濟與舊經濟「營運模式」最不同之處。海格（John Hagel）在《網路價值》（*Net Worth*）一書的開頭就強調：在網路世界裡，「資訊仲介者」之所以能成功地在供需雙方之間產生價值，「信任」就是最重要的元素。兩位創辦人的生長環境、父母背景、個性、兄弟及同學對兩人的觀察等，本書非常生動地呈現在讀者眼前。他們認真重視使用者的搜尋速度與品質，並不斷地改進，人們對 Google 的信任便從中逐步建立，並對他們的座右銘「絕不為惡」（Don't be evil）加以認同。

在這個變得「平坦」的世界中，Google 一再推出搜尋新產品（如 Google Video、Google Scholar、Google Earth、Google Print），每一項創新都讓使用者驚呼：「哇！哇！哇！」除了軟、硬體技術的精進，Google 的生意頭腦與手腕也讓人驚嘆。創業不

過七年多的 Google，要和擁有三百七十餘年歷史的哈佛大學打交道，不但必須讓哈佛相信 Google 會溫柔地掃描哈佛數百萬藏書，且須提出不會侵犯版權、無須負擔成本的營運模式，還得確保創作者的權利、增加出版商的賺錢機會。Google 這個初生之犢，除了要能展示「書籍數位化掃描機器」的硬技術，還必須展現柔軟的態度，才能贏得這些教育界、出版界大老的「信任」，進而有機會達成一種創新且「多贏」的生意。

三十年前，蓋茲、戴爾創造了個人電腦的時代，今天他們將相繼跨過五十歲大關。他們從實體的電腦出發，成功相對來得較晚。一樣年少得志的佩吉與布林，應該是少數確實掌握網路經濟真諦、逐步建立其事業的創業者。如此年輕就有這麼高的成就，他們未來的路要怎麼走？他們如何保持年輕幹勁與對搜尋的熱衷，像蘋果電腦的賈伯斯那樣不斷創新？同時會不會因為有錢有勢後而誤用其權力？我相信這都會是許多人持續觀察、研究的主題。

（原載於《翻動世界的 Google》，導讀，時報文化出版，2006）

超越傳統智慧 改變世界

————————— • —————————

　　有關 Google 的書，市面上已經很多了，為何需要多看一本？
Google 是二十一世紀一家很奇特的公司，做了很多和二十世紀的
公司不一樣的事，也和其他網路公司作法很不一樣，超越很多傳統
的「商管智慧」（Traditional business wisdom），卻又對這個世界
影響很大。很多人都很好奇他們是怎麼做到的？為何他們會這樣
做？四年前我曾為 Google 寫了一篇〈新世紀創業變奏曲〉，比較
強調他們創業那個階段的特色。

　　四年來，Google 不斷推出新產品，新服務，新構想。即使遇
到 2008 年底的金融風暴，營業額仍持續攀高，獲利也穩定成長，
市值居高不下。Google 為應付規模化的硬體建設投資從沒間斷，
在這個基礎上，創新與研發不曾停過，這些「動能」什麼時候才會
停止？員工已二萬多人，什麼時候才會變成一家「一般的公司」，

大家不再對它感興趣,就像許多曾經有名、常被研究的公司一樣?

Google 最近退出中國市場的決策,可能是一個可以觀察的起點,對上述問題是否提供了什麼線索。《Google 為什麼贏?》這本書出版之際,這個事件尚未發生,但在「進軍中國」及「隱私權」的篇章已有一些討論。從這個 Google 一定會面臨的挑戰,有助於我們對「Google vs. 中國」此一結構性問題,以及 Google 的成長極限,找到一些蛛絲馬跡。這本書的前六章回顧 Google 兩位創辦人的背景,到上市的這段歷程,其實已有許多人書寫過,但好的故事,可以激勵人心的故事,可能百看不厭。

Google 的經營管理上最值得爭議的事,都環繞在「絕不為惡」這個道德高標準,包括其與中國政府的談判、其營運模式──透過對使用者的徹底了解,提供較佳品質的搜尋結果與廣告服務。高舉「絕不為惡」,其中所隱含的風險有多大,是否是一個明智的商業決策,包括會引起對「為惡」的放大檢驗,但畢竟 Google 從來就不是一家一般的公司。

一般傳統的商業智慧是「無商不奸」,要做生意在很多地方不能有陳義太高的道德標準。而偏偏 Google 的核心是建立在大家對它的「信任」,大家允許它透過你在網路上的「搜尋行為」來了解

你個人的偏好、興趣。但就像書中揭示的，有些人其實不是那麼在乎這方面的隱私權，但前提仍然是建立在 Google 是一家值得信任的公司，他們不會在這方面亂搞，任意出賣你的個人資料。

　　大家可能都記得《網路價值》那本書，它的第一章講的就是「信任」，Google 可能是我們面對醫生與律師之外的第三位，你不會特別刻意要對它隱瞞什麼，讓它越了解你，你得到的服務（搜尋結果）及廣告越適合你的需要，也因此提高廣告主的興趣及效率，可以讓廣告主知道他的每分錢是花在哪裡，對誰溝通甚至引起行動，廣告費花得有效果。這顛覆了大眾媒體的廣告思維，做到了普哈拉的 N=1 的需求滿足。

　　但這個信任基礎的個人紀錄，一旦有國家檢查權威或不同文化社群的介入，Google 能堅持到什麼程度，從此次退出中國市場，表面上是新聞自由與政府審查權的拿捏，而中國方面不論官民都稱 Google 太傲慢，不願意調整順應市場需求。但 Google 的抉擇某種程度反應了它的立場。爭取中國市場比較重要？還是對其餘市場維持其信用比較重要？這本質上其實也是一個商業考量。向中國市場妥協是否會違反了其「絕不為惡」，或落得與虎謀皮的下場。

　　理想主義是 Google 的另一個特點，當初帶著些許浪漫的精神

進入中國，以為深入虎穴，可以改變他們或至少給他們較好的服務。就像去年法蘭克福書展，以中國為「主賓國」的爭議，要不要給一個言論稽查的國家這樣的機會。最後是以「讓中國走出來，直接面對挑戰，可加速它的開放」為理由，同意給中國一個機會。因中國的開放對整個世界是好的，但走出來，和走進去使它改變，畢竟主客易位，Google 只好暫時退出中國市場。

不過，Google 在中國或台灣的搜尋市場本來就不像在英語世界勢如破竹，顯示了文化上的差異或語言技術上的障礙，其想要「統整世界上所有資訊與知識」的美夢，不是那麼的順暢。這本書從二千三百年前亞歷山卓圖書館開場，各個章節也以這個「世界最偉大的圖書館」為對照與譬喻，來說明 Google 的企圖與作為。Google 圖書搜尋（Book Search）的計畫也沒有想像中順利，但從 Google 地圖、Google 地球，甚至到月球、火星；還有 Google 在能源科技方面的探索與投資都令人興奮。以 Google 的資源與人才，投入這些突破人類前緣新疆界（Frontier）的計畫，都超越傳統一般企業的思維，也有機會改變世界。

（原載於《Google 為什麼贏？》，推薦序，天下雜誌出版，2010）

精彩八十

————————●————————

　　企業和人一樣有其生命週期，外界環境變動越來越大，家族的繼承與企業的傳承也有諸多問題，和成欣業能持續營運、成長、茁壯八十年非常不容易。今年是建國一百年，台灣的「百年企業」並不多，一方面在日據時代，台灣人真的能辦的「企業」不多。另一方面真的能撐到一百年以上的商家，其實規模都不大，以「百年老店」型的糕餅、茶行等居多。這些行號大部分稱不上「企業」，且維持在家族經營，很多有傳承的挑戰。

　　和成雖也是家族企業，經歷到第三代，但在產品、技術及市場上皆能「與時俱進」，而且不離其核心——陶瓷技術。從最早的工業陶瓷到花盆、壺、水缸，到便器、衛浴、廚具，到科技陶瓷，很像《一千年的志氣》中日本那些百年企業，不斷精煉自己的技術，自我更新，不被時代所淘汰。

　　和成的「企業傳記」在這個時間點出刊，有大於其公司本身的意義。台灣的經濟奇蹟及庶民生活水準的提高，與有一批本土企業家在過去超過一甲子的努力有關。台灣人，尤其「在日據時代即創業」的公司及企業家，這些人已逐漸凋零。如何在他們及第二代還能敘說之際，將其口述歷史記錄下來，為後代子孫留下見證，因企業史工作沒有其他人會幫你做，企業自己的檔案、歷史自己最清楚。這些前輩的努力包括其「創業家精神」，如何在那個年代為生存，為生活，為生意打拼，在極其匱乏中找到資源開始其事業，這是任何一個時代的創業家共同的挑戰。從《淬鍊：點土成金的創新與智慧》這本書中讓我們看到在日據時代及光復初期的歲月，企業家們在諸多限制中找到突破的契機，這對台灣當代如何突破目前的困境有很重要的啟發。

　　「與時俱進」是一個基業長青的企業能持續創新、繁榮的關鍵。除了重視研發是和成欣業一個珍貴的傳統與資產之外，在行銷、商標及企業識別體系（CIS）上的自我超越及更新亦值得一提。

　　1981 年和成 HCG（Ho Cheng Group）正式啟用，代表誠意（honest）、創意（creativity）、滿意（gratification）。1991 年股票上市，業務範疇從本土躍升到國際，HCG 又被賦予新的詮釋與精

神：H 代表高科技，C 代表精緻，G 代表國際化。這些品牌建構的途徑以及上市櫃，也是台灣檯面上有規模企業的必修學分，上市櫃的理由很多，但至少透明化與公開化是企業主的決心。

和成在國內市場雖不像「東京陶瓷」（TOTO）在日本的主宰地位，但相去也不遠，「阿爾卑斯系列」是很多人居家生活經驗的一部分，劉德華的代言，也讓很多人印象深刻。和成和一些台灣公司，其產品或服務和日常生活息息相關，是一個和台灣社會人民的生活有互動的公司，陳美鳳的「美鳳有約」為其廚具部門代言，也反應和成親民的性格。

國際化更是台灣企業橫豎都要面對的問題，從技術的引進、合作，到海外設廠生產，開拓海外市場，是多數企業都會經歷的事。和成也不例外，從早期到海外觀摩開始，之後邀請技師來指導，採購先進設備，到正式技術合作，需要和外國廠商打交道、繳學費。從「模仿到創新」這條學習曲線，和成算走得很早，且較早就有自主創新的覺醒。

每個企業都要成長，除了在本業上擴大市場的佔有率，多角化也是一種選擇。和成欣業做過不同的嘗試，很多台灣企業因過度擴充到非相關的多角化，結果下場不佳，和成算是較守分寸，只往相

關多角化著手，也有一定的成績。

這本書的最後一個特色是創辦人「以和為貴」、「家和萬事興」的理念，要兒孫們永遠合作無間，二代之間、兄弟之間的世代交替都算順利。相對其他的台灣企業有兄弟反目或父子不和影響到事業發展，和成算是祖上積德，加上歷代經營者也兢兢業業。家族企業的問題，主要在家族的利益很難完全和企業的利益一致同步，這時領導人的判斷及優先秩序就決定了這家公司的命運。這本書以有限的篇幅，卻能將和成欣業八十年的歷史精彩呈現。

我們希望有更多的企業傳記能進行記錄與發表，除了對自身公司的見證外，也為台灣的歷史增加另一個構面的豐富性，對後代子孫提供一個他們的先祖曾在這塊土地努力過的事蹟，台灣人經營管理的奧妙不完全等於我們在西方文獻中讀到的理論，我們應該要書寫自己的篇章。

（原載於《淬鍊：點土成金的創新與智慧》，推薦序，商周出版，2011）

創新的新境界

野中郁次郎是我很尊敬的前輩，是創新管理領域當代最傑出的學者之一。由於日本出身的背景，他對日本創新的「現場」長期以來有很深刻的觀察與研究。他對創新的「本質」、「行動」之洞見及「知識螺旋」的框架，都能協助我們更理解那些能「創造知識的公司」之組織及運作。1997年由野中郁次郎所創的一橋大學「創新研究所」（Institute of Innovation Research），也是政大科管所和創造力中心長期往來的夥伴。他們的研究聚焦在「創新與社會歷程」（Social Process of Innovation）。

這本《北京的蝴蝶，東京的蜜蜂》書中的九個「奇蹟式的變革」非常生動的案例，由他和勝見明兩人分成五個章節來撰寫。這五章各有一組「對立」的核心概念，如「實踐 vs. 理論」、「事物 vs. 事件」、「思考後行動 vs. 在行動中思考」、「動詞 vs. 名詞」、發掘沒

有「關聯」事物之間的「脈絡」、及「偶然 vs. 必然」，非常值得台灣目前正想從「製造轉型至服務、體驗、設計、文創」的參考。因我們熟悉的思維比較偏理論、事物、謀定而後動、名詞及必然想要轉型，對照組的概念是一個線索，但顯然台灣人不太熟悉，不太習慣。

　　九個創新案例多已超越「產品」或「企業」創新的層次，它們的範疇大到社區、機構、動物園、車站、小鎮，也超越商學院熟悉的場域，參與的利害關係人也比股東廣泛。這類組織創新所需要的策略高度，執行的深度與整合的複雜度都是台灣企業目前較欠缺的經驗。這些「創新的歷程」透過二位作者有很清楚的描述與詮釋。其所創造的價值也不只是傳統的經濟與商業價值，還有更多的社會、人文及生態的價值。

　　我比較遺憾與納悶的是，日本的事業以及地方組織能有這些成功創新的「智慧」，但日本整體的經濟與競爭力卻仍舊低迷了二十年，大概缺的是政府的「治理創新」吧！看了日本的短命內閣如走馬燈，顯然台灣這個層次的問題比日本更嚴重，政府的創新跟不上，最後也會消磨掉民間的努力。

　　在成本、效率、市場規模方面的創新，大陸都有相應的優勢。

我們的差異化顯然要來自不同的價值取向，甚至是意義的建構與轉換。說故事及願景的想像才是基本功，這些軟功夫、軟實力的學習和典範才是當務之急。

（原載於《北京的蝴蝶，東京的蜜蜂：了解創新的最後一本書》，
推薦序，中國生產力中心出版，2011）

富可敵國的時代意義

———————— ● ————————

　　華人常講富不過三代，這是經濟、社會、人類行為慣常的現象，還是顛撲不破的真理、自然法則？有沒有地域文化的限制？對於不同的民族或不同的時代會有一些例外嗎？在日本和歐洲我們可以看到有「千年志氣」的達人或中小企業，以其「與時俱進」的專業精神與技藝維持家族的傳統及驕傲。台灣由於日據時代受到限制，無法發展現代企業，從戰後到現在，仍介於二、三代之間，因此尚不足以評斷富能否過三代。反觀中華民族歷史長河裡的大賈大富，卻沒有像羅特希爾德家族，縱跨六個世代，仍然維持其財富或影響力。

　　十八世紀以前的有錢人或商賈，其致富的原因多半來自土地及自然資源（各種礦產、黃金、鑽石）。工業革命紡織機器帶來現代工廠雛型以前，只有家庭手工業，商人基本上從事的是買賣、貿易

等行業。到十九世紀下半葉，才有現代公私部門的銀行及財政體系，以及因技術和經營概念的創新而致富的鐵路、鋼鐵、電力大王。大航海時代以來市場疆域拓展的效應，以及跨國企業的構形及獲利模式，也才在逐漸成熟中。就在這多方「現代化」體制新舊交替的歷史機緣中，羅氏家族算是生逢其時。

傳統的商賈所能做的生意多半和特許及其在政治結構中所卡的位置有關（今天是不是也如此？），因此「改朝換代」是一大風險，其所代表的不只是表層的政商關係，而是更深層的科技（關鍵生產要素的位移）、社會關係（財富分派與財政管理的優劣），以及導致民心向背的政治風潮。主流的商賈或富豪人家要有多大的敏感性，才能有前瞻性的投資或押對關係，並和正在形成中的勢力及既有政權之間保持平衡距離。羅氏家族在十九世紀初，歐洲民族國家一一成立之際，為其提供適時的財政支援而發跡興起。反觀民國建立時，山西票號商的崩解（如電影《白銀帝國》），國民政府的財政是那些家族在奧援，其及後續家業的發展，也是同工異曲的近代史。

從企業管理或創新管理的角度怎麼來解讀羅氏家族的財富積累及維運呢？《世界真正首富：羅特希爾德家族》一書的作者十分

年輕，但可看出其用功及對議題設定的敏感性，台灣較少有這樣年紀的作者會去發想這樣的題目。是因為台灣沒有這樣的市場？其實，從日據時代，台灣也有四大家族、五大家族的歷史，但其事業與財富的追蹤，較屬於稗官野史的小眾市場，通常不會在商管學院的課堂內討論。

像羅氏家族事業的規模大與範疇廣，中國大陸的銀行家、企業家或許可以有這樣的企圖，因中國的經濟體夠大，未來有機會能夠影響全球的政經發展。在台灣，企業家「立足台灣，放眼天下」，固然是大家熟知的口號，但在實際上能落實的很有限，鴻海及台積電或許已達世界級的層次，但要有再多的企業發展到像三星或現代，可能不是台灣的強項，至少不是大部分人努力的目標。

目前商管學院裡的企業管理受到美國管理思潮的影響，分析是以「企業」為單位，且是以資本市場上的股民利益為前提。奉「經營權與所有權分離」的圭臬，比較從專業經理人的角度，而不是以富豪家族利益的角度來發展管理模式。因此，講究白手起家，從無到有的「創業精神」，美國夢也成為社會主流，「家族企業」或「家族史」並非商管學院的興趣所在。反而在美國新大陸以外的地區，從實際的田野現場，家族經營與其資產財富的積累，才是經濟活動

中的誘因及成果表現。在大規模戰爭前後，商賈或企業如何自處或因應，要如何配合國家（覆巢之下無完卵）較少被提及論述。

畢竟美國因百年來沒在境內經歷過戰爭，管理教科書以「和平」為常態，如何發戰爭財或利用改朝換代的大變動賺進財富，也不是商管理論重視的焦點。其實經濟的「戰爭」每天都在進行著（如石油危機、金融危機），科技典範的改朝換代也是家常便飯，在戰場上企業本來就是進進出出，但「政治」卻是企業家較難掌握與控制的，只能當外生變數去適應它。

書中也點出資訊情報網的重要性，在過去的年代尤其和政商社交網絡有絕對的關係，日本商社以其全球綿密的關係網絡來收集情報，也曾在各次戰爭前後的「多空對戰」中獲取利益。但今天網際網路的公開性與公共性，同時媒體被要求透明化的監督甚嚴，想要掌控媒體的企圖都會受到一定的制衡。

靠獨家消息來獲利，在檯面上也不一定是政治正確。而社交網絡的建立和名人社交圈的經營有關。在西方名人社交圈，和紅酒、名畫、音樂、打獵都脫不了關係，華人社會也正在學習這些運作。扶輪社、獅子會是一種較平民化的版本，有類似的功能，只是為不同的階層與族群服務。

　　「企業家族」值得稱頌的原因何在？因其財富的積累，還是家族精神的傳承？羅氏家族「富可敵國」，跨世代、跨朝代、跨國界，但目前行事相當低調，不管是財富獲取、積累的技巧，或家族標榜的精神都不宜主動拿來宣揚。我們讀者要從當中學習什麼？獲得什麼？「政商關係良好」其實是兩面刃，家族企業的傳承與繼承，或許羅氏家族有一些經驗可以學習，但經商做生意還有其他管理技巧或基本的原則需要遵守。

　　任何組織都有其生命週期，羅馬帝國也有結束的一天。羅氏家族的案例有趣的是，它發展的脈絡與現代化的近代史重疊，讓我們可同時回顧過去兩百年的大小政經事件，包括現代銀行體系的建構、鐵路興起、蘇伊士運河開通、以色列建國等。然而時代的脈絡不同了，近年來科技的快速變遷，各國政治的民主化，公司治理的提升，創業或累積財富的典範也在轉變。新時代的富豪，如比爾‧蓋茲的退場及財富處理和洛克菲勒就有不同，更可能成為新的典範。

（原載於《世界真正首富：羅特希爾德家族》，推薦序，人類智庫出版，2012）

與眾不同的思考──
蘋果的管理方式能學嗎？

───────────── • ─────────────

　　《賈伯斯傳》在台灣狂賣三十七萬本之後，討論蘋果或賈伯斯的書還有人要看嗎？中文版出版近一年，iphone 5 仍然火紅，蘋果對三星、HTC 的官司仍然動作不停，繼任的庫克似乎也穩定了局面。蘋果及賈伯斯的「傳奇作為」，和商管學院教的常常相左，是商管學院「又愛又恨」的教材。蘋果有太多成功的產品故事，《賈伯斯傳》中雖有提到每一項產品開發的緣由及部分經過，但畢竟傳記比較是圍繞在「人」，從企業組織或管理的觀點，蘋果成功的方式別人模仿得來嗎？

　　《蘋果內幕》的作者亞當・藍辛斯基（Adam Lashinsky）2008年在《財星》雜誌正確預測了蘋果未來的執行長是庫克，因而廣受注意與重視。他做了很多功課，寫這本書時並沒有直接訪問到賈伯

斯或庫克，但他能以其長期的「洞察」、從各種資料及有限的訪談（因蘋果的員工也很怕接受採訪），「拼湊」出一些蘋果內部的運作，以及賈伯斯個人的領導和決策方式，多少對大家最想知道的「後賈伯斯時代，蘋果還能紅多久？」提供一些線索。

看過這本書的台灣朋友評價都稱讚；亞馬遜上的書評基本上也不錯（平均四顆星，給五顆星的最多），少數人覺得沒有太多「新意」，我想那是因為在美國的讀者相對較熟悉作者所提及的許多故事及場景。我覺得藍辛斯基說故事的功力確實有一套，在描述董事會、產品研發、設計、新產品發表會，或是面試場景，都神靈活現，非常生動，彷彿他都在現場，我想他應有達到這本書原文副標題的任務：最受人敬重與最神秘的美國公司是如何做到的。

Apple 是很難被參訪的，2007 年政大科管所透過大中華地區的總經理安排，有幸由「大學關係部」的一位同仁在庫比蒂諾的蘋果總部接待我們，三個多小時的會談環繞在其創新、產品開發設計、蘋果商店、及人才徵選，中午也意外地到其員工餐廳用餐。因那次的管窺及幾次往返矽谷的經驗，書中描述的場景，多少能具象地浮現，有助於理解其字裡行間的意涵。那我們從這諸多賈伯斯及蘋果的「內幕」，又能學到些什麼？能省思些什麼？

　　賈伯斯這一生和蘋果「開創」了「多個」產業，從個人電腦、動畫、音樂、行動通訊、應用軟體、零售。除了動畫是在皮克斯外，很少有一個人，或一家公司能在這麼短的時間內，造成跨這麼多領域的影響。說賈伯斯「啟動」這些革命，是因為他為這些產品、產業「定義」其「樣貌」（configuration）並找到成功對應的營運模式。例如：1977 年的「個人電腦」是 Apple II 的標準配備（主機、螢幕、鍵盤），這個樣貌決定了桌上個人電腦這三十年的樣貌。巧的是個人電腦的紀元，也是由蘋果於 2010 年推出的 iPad 而告終結。iPad 沒有主機、沒有鍵盤，因 iPad 不再是電腦，並不是用來計算或提升工作效率，而是在網路普及的脈絡下，大家上網及寄送 mail、簡訊的工具，更接近是娛樂產品，它的翻頁、縮小放大尺寸的「使用經驗」是創新的核心。台灣將之翻譯成「平板電腦」，延緩了我們對「去 PC」（de-PC）時機的掌握。就像我們低估了 2007 年蘋果將其公司名稱中的「電腦」（computer）拿掉這件事的意涵。

　　同樣地，iPod 及 iTunes 也改寫了音樂產業的歷史，MP3 不是他們發明的，但蘋果搞定了合法下載的途徑、定價與收費機制。iPhone 也改寫了行動通訊與智慧型手機的歷史，手機拿來「看」

電子郵件與簡訊的機會，多過於「講」電「話」，讓龍頭的 Nokia 反應不過來。在直營零售方面，Apple Store 也為 3C 產品的通路開創出新的典範，包括「天才吧」的服務及講解方式、店面空間的設計、產品的陳列與試用，都提供了大家「所能擁有的消費者最佳的體驗」。坪效不只超越時尚精品店，更是傳統 3C 賣場，如百思買（Best Buy）的六倍。

這些創新突破，台灣的廠商都「後知後覺」，賈伯斯有「現實扭曲力場」（Reality distorted field）的能力，他所看到的世界和解決方案，和你我很不一樣，都不是商學院裡的產業分析、市場調查或行銷研究得來的。另外，蘋果精神是將每一個產品做到「瘋狂完美」（insanely great），但他們對網路世界的理解與想像，早已不是侷限在「產品」，而是系統、平台或生態（如 iTunes、App Store），以及整個營運模式。

台灣希望透過「製造服務化」或「裝置服務化」替製造業轉型（如 IBM），但我覺得都沒掌握到「轉型」的精髓，iPod、iPhone、iPad 其實是「服務裝置化」。蘋果對收聽音樂或網路應用生活，規劃出以 iTunes 及 Apple Store 為服務的平台，iPod、iPad 只是因此而發展出來的裝置。這些裝置又設計到「瘋狂完美」，不像我們是

先會做裝置，再去想環繞這些裝置要發展什麼服務平台，像 HTC，
就很難成功。

　　賈伯斯的蘋果是想要「改變世界」，或是「在宇宙留下痕跡」，
他們希望未來的世界照他們的方式去走，這樣的「思維」是台灣人
不曾妄想的。我們只是跟隨者，或許只有台積電部分做到，改寫產
業的遊戲規則。我們很會製造、生產產品，但對未來或生態系沒有
想像。蘋果原本是工程師們的世界，科學、藝術或音樂才是他們的
天賦，只是剛好他們也會寫程式，過去 Mac 的用戶也只是死忠的
粉絲為主，直到 iPod 成為消費品之後，因大量出貨，需在正確的
時間、正確的地點、有正確的數量等維運問題成為重點，蘋果才開
始採用 MBA。

　　作者藍辛斯基在這本書一開始就畫了一張組織圖，那張組織圖
是為了讓讀者瞭解書中提到人物的相對關係，並非一張正式的公司
組織圖，蘋果公司並沒有對外發表過其組織圖。書中人物的個性與
專長，和賈伯斯的關係，作者都有鮮明的勾勒。這些在賈伯斯近身
的核心幹部，過去他們會設想「如果是賈伯斯會如何做？」，只是
靈魂人物走了之後，這些人之間可以如何共事仍不清楚。

　　之前說到「蘋果與賈伯斯」是管理學院的反面教材，他們和其

他「受人敬重的公司」作法南轅北轍。其他的智慧型手機廠都推出「機海戰術」提供顧客多樣化的選擇，只有 iPhone 不但是「一機到底」，而且設計簡單乾淨；iPad 的單款設計也足夠讓從三歲到八十三歲都可以玩得很愉快，他們可各自從 App Store 去下載自己想要的東西，是遊戲、新聞、交友、社群、情報或分享。客製化是在於「應用服務」的組合，而不是不同的手機硬體本身。

　　作者在不同的章節都有點出一些「蘋果還能紅多久」的線索。從正面來說，蘋果的 DNA 已深入到組織的每一個角落。他們只「雇用信徒」，因此會留在這組織的人，大概都能適應對細節的重視，這些宗教般的精神應可持續一段時間。從負面來說，各項創新的原動力及產品的否決權都在賈伯斯，這個角色不在時，蘋果是否能繼續創新？不過因其平台及生態系統與守門機制的運作，有機會持續領先一段時間。照說這樣創新的公司，每個人應該都有創業的精神，但在蘋果，賈伯斯一個人有創業精神當然沒問題，其他的人都是卓越的執行者，且一個蘿蔔一個坑，少有機會輪調，持續做你擅長的事，這樣的人力資源發展也是非常不同於教科書的。

　　至於相對應於「價值創造」的「價值分配」，在蘋果的整個生態系裡，似乎不是那麼公平，如台灣對 iPhone、iPad 的機構零

件、組裝及交貨都有一定的貢獻，但我們分配到的附加價值不到2%，蘋果拿走 30% ～ 50%。在供應鏈上的價值分配全由市場的議價能力決定嗎？是「誰」在決定「誰」該分多少？賈伯斯是這麼吝於分享的人嗎？

在矽谷，大家的信條是「千萬不能模仿蘋果」，其實台灣也沒人敢模仿，因我們沒有這樣的土壤，也沒有賈伯斯這樣的領導者。但「蘋果學」過去幾年還是成為顯學，在北藝大、政大 EMBA 都開過課，蘋果創新的世界人心嚮往之，但有多少人能正確地分析蘋果、拆解蘋果？又能巧妙地應用在自己的情境？

賈伯斯說過「好的藝術家模仿，偉大的藝術家剽竊」。他從不迴避他從全錄偷來的創意概念，但他對抄襲他的競爭者卻態度強硬。賈伯斯也非常厭惡沒有「品味」的人，他對品味及藝術鑑賞力的堅持，展現在他所有產品的設計、外觀、手感、包裝，甚至拆箱經驗到蘋果商店的五感體驗。

書中有一段話可做為這本書最佳的註腳，「沒有任何一家公司，能夠輕易模仿蘋果文化。不過在此同時，蘋果也即將找出自己的企業文化有多強大——公司即將發現過去的豐功偉業，究竟有多少應該直接歸功給賈伯斯」。也就是說蘋果與賈伯斯脫鉤（decouple）之後，誰的傳奇會更持久雋永？個人還是組織？世界又會變得怎麼樣？面對這個問題，我們能問的仍舊比答案還多。

（《蘋果內幕》書評，原載於《新新聞》，2012）

創業三人組的生命故事

———————————— ● ————————————

「文化長」是一個時髦的頭銜，在企業轉型、從製造轉向服務或品牌的課堂上，我都會談到「文化長」在未來企業組織中的重要性，將不亞於其他的高階主管（CXO）。「文化長」在實務上其實沒有太多可參考的案例，尤其是台灣。我所認識的第一個文化長——陳怡蓁，以這個身分書寫的《創趨勢，我們不做 Me Too》正是及時雨，為管理學界、為台灣正尋求轉型的企業，提供了淺顯易懂、真實具體的案例，說明了「企業文化」是如何成形、運作、傳承、交棒，以及度過危機的實證；對「文化長」可為企業及社會帶來什麼價值，也有第一手、極生動的敘說。

這本書我花了比平常更多的時間仔細閱讀，因為怡蓁實在寫得很用心，我深怕漏掉字裡行間重要的「文化意涵」，或「企業文化」的重要線索。我必須說，我是熱淚盈眶地看完第三部「文化的驗

證」。那是市場信譽的危機大考驗、企業的生死交關，尤其剛當上
執行長的陳怡樺，在日本五九四危機的記者會上脫稿演出的道歉聲
明，強調是「為了創新而犯錯」，讀時淚水不禁奪眶而出。怡蓁寫
得太精采了，還原當時的經過，畫面一一浮現，公司每一位幹部的
心情、表情、動作都躍然紙上，尤其是陳怡樺上陣前的細節，以及
在危機處理時為問題定調（frame）的睿智，可以拍成很感人的電
影，將會是「企業文化」及「危機處理」的重要教材。

這是一本談管理、創業，乃至企業文化的書，也是創業三人組
的「生命故事」。草創時期即依三人個性立下核心精神：「改變、
溝通、創新」；後來在日本上市，變成一個台灣少數真正「多國籍」
的企業，其文化融合的個案在哈佛課堂上被討論過。趨勢的文化如
何支撐張明正優雅的退場也很有意思。他們巧妙地和哈佛教授合作
「透明金魚缸——真誠對話」的健檢計畫，順勢將接班人陳怡樺推
上舞台。陳怡樺也接得很好，藉新人上任，因應策略的改變，將地
區組織結構調整成以客戶別區分的組織型態。

趨勢三人組都不是正式企管出身，反而不受拘束，走出不一樣
的路，包括困擾許多企業的傳承與接班。這些文化上重要的建樹都
需要經過溝通、佈達，也需要適當的舞台或情境設計。趨勢科技多

年來各種重要轉折的活動安排與進行方式，都可看到怡蓁的創意與鬼斧神工。這種隱形能耐可能是一般很理性、很功能導向的管理教科書容易忽略的，這本書剛好補足企管書市上的不足。怡蓁洗鍊的文筆又很巧妙地將個人、家庭、父母、子女和事業間交錯的影響，做了很真實也很有說服力的串接。

　　一般管理書籍都要求客觀、中立、去個人化。我卻覺得有血有肉、有淚有汗的書寫才能啟動同理心，讓讀者瞭解事業經營的全貌。抽象的原理原則，很難將之應用到自身的處境。怡蓁在實戰中的積累與實踐，書中對各種理論的驗證與呼應，十分難得與珍貴。

　　「趨勢科技」公司本來就是「科技與創新管理」教學中重要的案例。病毒隨著電腦架構而演化，防毒的措施從水龍頭到大樓水塔到自來水廠的比喻，很貼切地描繪了趨勢科技隨著網路平台技術的提升，各階段的策略與解決方案都需不斷精進。掃毒軟體到底是技術，還是服務？到了雲端的時代呢？顧客的需求是「無毒」世界，還是「維持線上生產力有時比立刻掃毒更重要」？這正是趨勢科技案例有趣的地方，因為與時俱進，永遠有新的議題可以討論。

　　和明正夫婦結緣應該是在 1999 年網路泡沫之前，也就是網路創業最夯的時候。那時候吳校長剛接任政大商學院院長，我們經常

收到許多寫得很差的事業計畫書（BP），覺得可以開班來教授想創業的人寫 BP，於是一起邀了七家創投公司來贊助這個計畫，明正兄是其中一位。2000 年政大 EMBA 開設「趨勢科技講座」，邀請趨勢團隊為主的創業家及專業經理人來進行主題演講。我記得在第一講的時候，明正就開放讓大家建議想聽的講者名單。學校的教授很少能「以客為尊」到這個地步，「客戶心聲」（customer insight）是趨勢的一種習慣，也是一種文化。

之後，明正又贊助並促成哈佛「學習者為中心的個案教學」計畫，我也是第一批學員。2007 年創辦「若水」時，明正也參與政大「未來發生堂──社會創新與社會企業」的活動。他對創新事物的敏感度與實踐力向來不遺餘力，比如台灣在引進「世界咖啡館」及 TED 時，也都看到明正的身影。

回顧這些歷史與因緣，除了感謝之外，也讓我們看到他們在本身的事業之外，對台灣社會各界一路的協助與陪伴，適時引進各種新的想法與作法，包括這本書的創作及故事。這正是趨勢企業文化「改變、溝通、創新」最好的寫照。台灣有你們真好！

（原載於《創趨勢，我們不做 Me Too》，推薦序，遠流出版，2013）

日航 V 型反轉解密

—————————— ● ——————————

　　自從稻盛和夫接掌日航（JAL）董事長，擔負起其再生的任務，我就很想了解其作法和成果。沒想到「經營之聖」稻盛先生奇蹟似地只花了兩年八個月，就讓日航轉虧為盈又重新上市。這個再造（turnaround）的過程應會成為企業管理的經典，也很高興有這樣一個作者群將其經過很真實生動地做了紀錄，我很樂意和大家分享我的心得。

　　《稻盛和夫如何讓日本航空再生》一書所描述「破產前的常識」：「國家航空不會垮」、「從不質疑成本是否有必要」、「事業計畫不是由自己擬定」、「別的部門如其他公司」、「比顧客重要的是工作手冊」、「經營是經營、現場是現場」等，這些不只是日航，也是許多大型公司或國營企業的共同現象，只是嚴重程度的差別而已，相關的經營者、幹部或員工看了應該會冒一身冷汗吧！

作者將這些共通課題歸納成三個屬於經營基礎面：一、沒有共同的價值觀，二、現場員工缺乏參與經營企劃意識，三、經營群與現場員工之間有距離；三個屬於工作現場面：一、無法站在顧客的立場思考，二、現場沒有領導，三、沒有橫向領導。這些課題看起來都很熟悉，其實重整再造的功力不在「知道」，而是這麼龐大的組織要如何改造。

更生計畫雖可免除其沉重的債務，使其有空間進行結構改革，日航的 V 型反轉，在開源節流之外，還有額外四百億無法解釋的盈餘。這本書的書寫架構就從這裡展開探索，一般在商管學院策略的課程或個案，很多是沒有量化的數據，但日航這個個案有各種數據，可以呼應、驗證相關的策略作為。就像稻盛常說「數字自己會跳出來」。航空服務業尤其要眼觀四方，看得到天空自然的顏色，這種強調對經營數字、對現場的敏感度，與將經營哲學牢記在心是一樣的重要。

他們從最高階的五十二人進行「領導人教育」開始，經過一個多月十七次的課程，加上每人一千三百日圓的「酒聚」，打破高階經理人之間的隔閡，建立起經營理念與共識，接著再往下一層去擴散。日航的企業理念是要「追求全體員工物質、精神兩個層面的幸

福」，相對於服務顧客及貢獻社會，員工還是擺在最前面。這是很多經營製造業，甚至服務業的人不易明瞭的。因服務業最終是靠人在傳遞價值，而不是資本或資產（好的飛機、裝備、機場）。稻盛就主張「對人而言，何者是正確的，請依此道理做判斷」這麼簡單清晰的核心概念。

在討論日航這個個案時，有些不能忽視的獨特因素，稻盛對航空業並不熟悉，有很多航空業的專家要獻策，他全部都拒絕了。他只用自己的方式（京瓷、KDDI 與盛和塾的經驗）。後來 JAL 的哲學有百分之九十和京瓷相同，因經營的本質是一樣的。台灣殊少有這種背景的企業家，可以讓台灣重病的企業再造。

稻盛先生的哲學、精神、領導及現場主義固然絕對重要，整個重建團隊的其他人物包括從京瓷調來的大田嘉仁專務、2010 年當時的大西賢總經理、加上現任總經理木義晴等也功不可沒。在這本書的最後有一些人物專訪，更可從不同角度收三角驗證之效。

三一一福島事件也是天賜良緣，它提供了一個日航員工幹部實踐其企業哲學的機會，他們如何「擺脫工作手冊」，有時效性地「利他」，在日航重生的同時也加入貢獻於日本的重建，是很感人的篇章。

　　當然在較具體的管理制度上，透過部門會計獨立，進行「意識改革」也很重要。讓各航線收入成本變透明，提供服務的事業支援部門與四個總部，都需建立收入成本的意識，並讓負責的董事進行報告，才能貫徹其鼓勵第一線人員都能參與經營企劃的意識。

　　這本書很詳實地記錄這二年多來 JAL 重建成功的過程，但 JAL 未來將面對的問題還很多，如日航不再是國家航空公司，廉價航空的興起會不會讓日航的服務顯得過剩，甚至稻盛功成身退後，改革的意識會不會鬆懈下來都是挑戰。

（原載於《稻盛和夫如何讓日本航空再生》，推薦序，天下雜誌出版，2013）

最有啓發性的創新平台

―――――― ● ――――――

　　TED 是過去十年內我覺得最有價值的「社會創新」之一，它所傳播的創意透過網路及現場演出，不斷地相互加持，擴散到世界各地。它的營運方式以非營利的基金會和專業的經營團隊組成，能確實達到擴及全球的影響力，且能讓各界創新人物都樂意透過這個平台，來分享他們的生命故事或最精華的創意。

　　回想六、七年前，王榮文很興奮地跟我介紹 TED，問我說台灣人有沒有可能花六千塊台幣來聽五十個創新故事。從此就和這個傳播創意（ideas worth spreading）的平台及許毓仁（Jason）結緣。Jason 在取得 TEDxTaipei 的前一年，2008 年自己就辦了一個類似的活動「大哉問」（Big Questions），台灣人確實不太會、也不敢問「大問題」，我們真的是需要「學」問。因為他的這個創意及活動得到 TED 總部的欣賞，成為第一批取得 TEDx 授權的城市，從

此展開 TEDxTaipei 的傳奇之旅。當然一路上他和很多人結緣，也獲得這些貴人的支持，包括王榮文在華山持續提供很對味的演出場地。

本來 TED 總部在授權 TEDx 各城市時，只是希望在各地培養社群，但 Jason 卻將之辦得很接近 TED 的現場，規模達到幾百人。從與歷年亞洲各地策展人的互動當中，我發現 Jason 在全球各地的 TEDx 算是比較突出，因此也得到 TED 亞洲大使的角色。Jason 很會抓主題，像 2013「翻轉 Flip」、2012「the future is now」、2011「未來十年的大希望」；也很會找講者、挖掘明星，確實達到「講台灣人的故事」，並搭上文創產業發展的列車。唯一和 TED 不同的是，台灣的講者中談「科技」的較少，而談文化與生命故事的多，是因為台灣本來「科技創新」就較弱？TEDxTaipei 在這方面可再加強，畢竟科技界的資源較多，支持與贊助的潛力較大，如何讓他們有參與感，對 TEDxTaipei 未來的經營與贊助十分關鍵，文創業者多半自己也很辛苦，在財務上能貢獻的較有限。

《TED 最撼動演說 101》一書選錄了在 TEDxTaipei 已發表二百五十則故事中的五十則，也從美國 TED 一、兩千則故事中挑了五十個，呈現出不同的領域或主題，如教育、領導、傳播、永續、土

地、傳承、生命、夢想，台灣能貢獻的分布並不是很平均。書中每個故事都用一篇簡短的摘要說明其精髓，其實每場現場演出，講者都接受過演說內容須濃縮控制在十八分鐘內的技術指導，後製過的影音檔品質也很好，可讓你從閱聽中享受到臨場感。建議讀者可回到網路上去搜尋影音檔，這本摘要只是一個線索。

　　TED 及 TEDxTaipei 這個平台讓我們得到很多啟發，之後呢？是否能激發我們的行動？像這些講者，有為者亦若是，去追求並實踐你所愛、所相信、所夢想的事。

（原載於《TED 最撼動演說 101》，推薦序，原點出版，2014）

浮現中的亞洲經營典範

　　現代企業經營管理的理論發展，始於一百年前的歐美社會，中間雖有八〇年代「日本第一」、「豐田式看板」及「精實管理」的穿插，大部分西方學者的觀察研究多是以歐美企業為主。在歷史的長河中，歐美企業經營的「情境脈絡」可能只是一個特殊的現象，和時代的科技、產業發展的階段、及市場版圖都有關係。大部分的台灣經理人在學習西方經營管理時，常把這些大師的理論或企業典範當成是放諸四海皆準。即使有些西方理論在台灣和現實情況明明卡卡的，寧願相信「先進」國家的模型可能沒錯，是我們的企業發展較晚，還不到時候等等。

　　九〇年代初期，共產國家一一崩解，有人認為資本主義社會將成為歷史的終結。不久，九一一事件震撼了美國社會及影響了部分移民的美國夢，2008 年雷曼兄弟引發的全球金融危機，之後「佔

領華爾街」運動；歐盟中的南歐或晚進國家陸續出現財政危機，在在顯示資本主義已捉襟見肘。過去百年的典範一一受到挑戰，適合人類未來發展的模式還不明朗。

　　一樣是軟片及光學產業，百年企業柯達破產，但富士軟片卻能轉型成功；在行動通訊，摩托羅拉、易利信、Nokia 一一由盛轉衰，三星卻能在蘋果之外異軍突起。美國三大汽車公司欲振乏力，大陸卻成為世界汽車第一大產地及市場。雖然在網路產業我們看到美國有 Google、Facebook 等領先廠商，但大陸的阿里巴巴、小米機也不容小覷。

　　日本從八〇年代高峰後，幾乎連續失落二十多年，沒有大名字的新興企業，加上三一一東電危機處理，日本式的經營管理顯然也「掉漆」了。不過在《亞洲企業正在征服全世界》這本書中，有大金與日航浴火鳳凰的重生，以及日立、小松、嬌聯、富士軟片的逆轉，都還有可取之處，也不是完全一蹶不振。

　　企業史學者錢德勒（Alfred D. Chandler, Jr.）在 *Scale and Scope* 一書中，曾對十九世紀末、二十世紀初的英、美、德三國前一百大企業的更替，研究出英國的「個人資本主義」、德國的「合作資本主義」、美國的「專業經理人資本主義」，對解讀歐美這幾

個國家的企業經營有所幫助，但這些在二十一世紀似乎都無關重要了。現代的經理人更需要的是理解為何《亞洲企業正在征服全世界》這本書的三位作者將中國定位為「關係資本主義」、韓國是「集團資本主義」、日本則是「武士資本主義」。這三個分類對亞洲人來說可能不陌生，但其管理意涵可能還要看每個人對亞洲文化與商場實務運作的認識而定。

　　這本書提到在地球的另一邊，中國、韓國企業的崛起，包括華為、海爾、聯想、韓國三星、SM、現代汽車、LG 的作為與績效都令人刮目相看，其中有些企業我在過去有機會近身接觸。

　　2008 年曾到海爾青島總部，他們當時正在推「雙首長制」，六個事業體，加上七個功能部門副總級的位置，從外面空降十三名有「全球性運營」經驗的資深人才，一對一既競爭又合作，提升整體的戰力。書中提到海爾「輪流執行長」可能是進一步的創新。2001年參訪聯想時，有機會聽到柳傳志的簡報，他提到 1996 年訪台時，曾和施振榮在日月潭遊湖討論華人該不該自創品牌，後來兩家公司在品牌的競逐也都可以成為教材。2006 年在魯爾區「紅點設計博物館」看到 LG 的設計歷史展，並在福斯汽車城看到十二個 LG 的大尺寸顯示器並列在「福斯企業形象館」之中，對其國際行

銷的滲透力印象深刻。

這本書的三位作者對美、日的管理理論及實務都極為熟稔，且相互認識，他們希望在此經營典範移轉之際，合作找出亞洲企業的共同特色以及差異。他們分別從領導、全球化、利害關係人、創新、人才等五個章節來論述。

在領導的範型上，野中裕次郎從日本企業田野裡歸納出的「承上啟下」（middle-up-down），以及三星的「三角經營」都是獨到的見解與實踐，有別於西方「由上而下」或「由下而上」的二元對立的辯證。

在全球化的聲浪中，過去西方以其先進優勢，常採用「全球標準化」的國際策略。亞洲這三國的企業似乎更懂得「在地化」的務實調整與運作。韓國更是獨創其他國家少有的「文化科技」策略，果真在娛樂文創產業屢立戰功。

西方因資本市場的根深蒂固，經營傾向以股東及投資人的利益為優先，這和日、中、韓許多企業對「利害關係人」的秩序不完全相同，「共生」及「共同成長」也在書中很多案例中顯現。對亞洲人來說，一般社群的價值可以高於個人價值，他們也對美國 MBA 欠缺人文教育有所批評。

　　東西方對「創新」的定義也不盡相同，亞洲因起步較晚，從「模仿到創新」是必經路徑。其實十九世紀，美國也是多從歐洲取經、取材，包括今日的「智慧財產」。但當前面對未來的挑戰，前無古人，大家是在同樣的起跑點，各有不同的領先機會。

　　大陸在短短的三十年中崛起，從「世界工廠」走向「世界市場」，這麼大「量體」的經濟社會轉型，在歷史上從來沒有過。西方過去花一、二百年逐步發展出來的模式，很難套在這些新的現象上，因此亞洲的三位作者可以超越西方學者對亞洲事務隔靴搔癢或霧裡看花，比他們對「在地脈絡」有更深刻的理解，因此可以更有自信地歸納出亞洲的企業創新及成長的秘訣。

　　我們是否能想像五年後，哈佛的案例庫中，大陸、韓國的比率會佔幾成？台灣商學院的案例又會有多少是中國、韓國的企業？我們只教台積電、宏達電、王品或統一超商夠嗎？美國及哈佛的案例會剩幾成？三位作者計畫未來也會研究台灣案例，他們會寫的企業及主題，將會與台灣學者自己寫的有什麼不同？這些都是值得我們深思的問題。

（原載於《亞洲企業正在征服全世界》，推薦序，商周出版，2014）

Part 3

價值創造的關鍵

　　這一篇談論和決策、領導及成長相關的十本書，也是傳統商學價值創造與管理的核心。管理或領導其實就是不停地在判斷、做決定、做什麼、買或賣、何時做、找誰做等。哈佛商學院基本上都不用教科書，只用個案討論，但我們 2005 年去研修「學習者為中心」的教學法時，卻要我們先唸《判斷的教育》（*Education for Judgment*）。做對的次數多了，商業組織自然就會成長。個別產業、區域發展的成長力道或許不一致，但大家應會同意創新是成長的引擎。

　　2005 年以前的四本書反映那時的氛圍，在網路泡沫後，台灣經濟成長開始遲緩，關注決策及成長力是很自然的。《科技創業聖經》（2004）是賓州大學華頓商學院出版社的第一批書之一，本書談的決策從個人、組織、組織內多層次、到整體社會，並討論決策帶來的影響。《成長力──持續獲利的策略》（2004）是從《執行力》（2003）大賣之後，夏藍的另一本暢銷書，「企業成長人人有責」，貼近顧客是一種習慣，也是企業文化。每次與顧客互動中，員工能發掘多少有關顧客需求的資訊？他們是否將這些資訊提供給相關人員以及部門，以開發能滿足顧客需求的產品與服務？至今讀來都有其價值。

《成長的賭局》（2005），我認為不論是個人、企業組織、或是台灣，一味追求無止盡的「成長」是不可能的，我們需有核心價值才能在困境中找出新的出路。而《管理大師我恨你》（2005）是一位歷史學者從不同角度，去檢視主流管理理論的視角和價值觀因過分狹隘，以致製造出許多問題。同時很多檯面上有豐功偉業的理論大師或企業家，在檯面下的真實自我可能是另一回事，但這樣的個人脈絡通常不是商學院師生的關注焦點。

《價值十億的經營藍圖》（2007）是繼《基業長青》（2001）、《從A到A+》（2002）等鉅作之後的重要作品，這個系列的著作都是長年研究，且方法嚴謹，本書找出的藍圖企業都能力行七件事，歸納起來和創造價值、整合資源、形成事業網絡大同小異，且不一定是在高科技業。

《精實服務》（2007）是「精實製造」後合理的發展，還有精實解答（Lean Solution）、精實消費（Lean Consumption），甚至最新的精實創業（Lean Startup），都是值得思考的議題。《策略直覺》（2008）從商業、社會企業、專業及教育四個領域採集了一些案例，說明要有突破性或典範性創新，在理性與邏輯之外，「企圖與直覺」的合成也是必要的。

　　《更快更好更有價值》（2011）比原文書名 "Faster Cheaper Better"（更快更便宜更好）更精確些。這本書討論的是營運作業系統的正常運作是一個組織的根本。不論是核安、食安、治安都是社會運作系統生鏽了，企業運轉螺絲釘鬆了，一味「求快、求便宜」有時可能是真正的禍源。企業一定有超越只是賺錢的手段或組織人事的運作，追求更高的目標與價值，才能創造永續經營的動力。

延伸決策視野 強化決策品質

———————●———————

　　美國知名的商學院除了在排名上競爭，也在商管知識出版市場上競爭。哈佛商學院的出版社是當中的翹楚。賓大華頓最近急起直追，在賓大出版之外另成立華頓商學院出版社（Wharton School Press）。

　　賓大華頓開創了美國最早的商學課程，在十九世紀末即將商業課程從職校（vocational）提升到大學的學科（academic discipline）層次。華頓最近在許多排名經常拔得頭籌，這當然和其課程創新、學生入學的成績、就業、校友、雇主的滿意度、教授的研究，及院長同儕間的互評都有關。但不論是教學、研究或服務，一個學校的優劣主要是靠一群熱誠的教師對創新的議題勇於進行探索有關。

　　我比較熟悉的領域，華頓就有一群教授於九〇年代初即著手研

究新興科技的發展與商業化，後來將其研究成果彙整成「華頓論新
興科技的管理」，類似的還有「華頓論競爭策略」，這些創新議題
的研究成果會主導其課程內容及形塑知識市場的主流地位。而《決
策聖經》這本書針對的是決策科學及決策理論，也是管理學門中很
重要的領域，過去已有很多數量的模型與實證研究，包括博奕或稱
賽局理論的運用。華頓從七○年代起就有一群教授對「決策方式」
與「選擇行為」有興趣，而啟動此一系列的研究。

　　更重要的是，這樣的學術社群是跨領域（包括心理、工業、醫
學）、跨學校的，因此可以看到絕大部分的成果是二人合著，且很
多文章的另一位作者屬於其他學校或機構。一個學術社群要能創
新、壯大，其分享與交流機制十分重要，華頓之所以能有今天的地
位，即是靠這些社群不斷探索新議題的努力而來。之前有一本類似
但較通俗的《決策DNA》，我也幫忙寫過序，它是單一作者的經
驗與心血，且比較偏向個人的決策行為與分析。但《決策聖經》則
是此一社群學術研究的成果，涵蓋的範圍較廣，探討組織決策中的
個人、團體、工具到社會等因素，同時將之改寫成一般人容易閱讀
的形式，裡面有很多案例，幾乎看不到什麼數量模型。

　　這本在亞馬遜網路書店得到五顆星評價的商業書，共集結了十

七篇文章，包括四個層次：個人決策、組織管理的決策、組織間多層面的決策，及決策對整體社會的影響。

在個人層面，讓讀者了解個人情緒對決策的影響，面對未來不確定時，資訊不足與自己的無知，如何不被自己的短視，只看到自己想要的結果，侷限了其他決策的可能性，也提醒不能為改變而改變的任意行為。

在組織管理層次，包括人與機器如何配合，取兩者決策的長處。在決策速度上，東西方文化的差異，對時間的觀念與價值會影響組織採取當機立斷或深思熟慮的決策方式。環境越來越複雜，「複雜理論」也被導入管理議題中，其基本概念和傳統「凡事皆可管理」的概念是背道而馳的，雖然現實中的現象都很複雜，但每天還是要做決策，如何找到日常決策的路徑？

在組織間多層次的決策，則收錄了決策過程中可能的教與學；聲譽對決策與協商時的影響；也探討協商中的欺騙行為，難以避免的善意謊言，避重就輕的事實揭露；新興電子郵件氾濫，導致電子交易中隱藏的決策風險。

在社會的層次，則探討醫療測試的限制，如何找出對受測者行為模式適當的解讀；價值觀如環保議題如何影響個人及組織的決

策。在今日的風險社會中充滿著不確定，應該要戒慎恐懼防範於未然，如最近的風災、水災，但社會是否願意「預先」付出相對的代價，還是很多事後諸葛。

最後也談到個人決策與團體決策的不一致性，多數人在費用與安全的考量上，會選取前者。另在九一一的檢討報告中，也透露美國安全單位的決策疏失，是因為其想像力無法超越中東極端份子，而造成致命的安全漏洞。

這本書的一個特色是輔以很多現實生活中的實例，藉以強化各項理論的應用。諸如霸菱銀行為何結束營業、挑戰者號太空船的災難等。第一章即以「霸菱銀行」為例，說明惡劣的決策要付出多少代價？涵蓋了後幾章所陳述的概念：

1. 受情緒左右導致盲目
2. 對於直覺的過度依賴
3. 強調時效性的決策
4. 無法及時預測出內部的不對
5. 對於風險的低估
6. 沒有足夠的資訊系統來支援決策的形成
7. 法規及程序的不足

　　這本書的每一篇文章都提出個別決策問題的背景、問題的核心，以及面對未來如何達成較佳的決策，並提供了許多有用的忠告與建議。我們每個人每天都需做各種大大小小的決策，其實可以展開這麼多角度的思考。有興趣做頭腦體操的讀者，可以考驗你過去對決策這件事的理解，透過這群作者的探索，能幫你的決策思考延伸到哪裡。

（原載於《決策聖經》，導讀，商周出版，2004）

創造價值　優質成長

───────────●───────────

　　《執行力》一書十年前在台灣大賣，因為掌握了當時低迷的景氣及政經氣氛，大家不願多談願景，希望好好做成一些事情，需要的是如何去執行，因而成為很成功的一個行銷專案。一年後景氣已復甦，可能更多人會希望能維持這個動能，持續成長，此時推出作者夏藍（Ram Charan）的著作《成長力》，可能也有時間上的適切性。

　　其實台灣過去四、五十年的經濟奇蹟，即是建立在持續高度成長的態勢上，從農產品轉型到加工出口、從輕工業到資訊電子到半導體光電，從進口替代到在台組裝外銷、從在大陸來料加工到境外投資，大部分的人都能在歷次的轉型、轉進之間找到適當的位置。當然在這過程中也有一部分人轉型沒成功淡出舞台。

　　「成長」在台灣絕大部分人的經驗中是一件理所當然的事（take

for granted），這幾年才逐漸有人體會到成長高原的停滯、或成熟之後的走下坡。

我 1991 年在英國待了八個月，那段期間有機會去瞭解英國在過去一百年是如何從維多利亞大不列顛日不落國一路下滑，家電業、汽車業等許多產業的製造在英國境內消失或拱手讓人。在相對成長較緩的情況下，被美國、日本、德國的快速與高度成長超越，甚至被亞洲的開發中國家追上。但成長雖慢，我們不能說英國沒有成長沒有進步，除了維持金融中心、大型複雜系統運作的優勢外，最近在創意文化產業屢有佳作，教育產業也持續出超。倒是台灣面對急速成長的大陸，在規模與數量上大陸確有其優勢，台灣所要追求的可能必須轉向到較「優質」的成長，較高的附加價值，在價值鏈裡相對較有意義的制高點。

這本書所提供的處方，其實也是有附加價值的成長，夏藍發現許多經理人對成長的基本組成要素及其相互連結並未能有效掌握。這些組成要素包括：開發新的產品與服務，建立有效的銷售團隊，了解顧客的價值、市場區隔等。很多台商一向習慣以削減成本作為競爭手段，造成許多「微利」產業，作者更希望經營者能瞭解「成長」的基本要素及有獲利的成長，其實關鍵是在「貼近顧客、創造

價值」。因此他提出下列問題，要每個經理人嚴肅地回答：

・貴公司在協助顧客業務發展上做了什麼？

・為顧客量身打造獨特的價值主張（value proposition）上，
貴公司業務團隊表現的水準如何？

・貴公司的定價策略與顧客最看重的特質間有效連結的程度如
何？

・每次與顧客互動中，員工能發掘多少有關顧客需求的資訊？
他們是否將這些資訊提供給相關人員以及部門，以開發能滿
足顧客需求的產品與服務？

從以上的問題可以看出「企業成長人人有責」，貼近顧客是一
種習慣，也是企業文化。《成長力》一書其實就是要提供大家這些
處方，包括將「生產力」的觀念引導至「營收生產力」的提升，而
不是一味降低成本、制定並實施成長預算、建立上游行銷能力和活
動、了解如何進行有效的交叉行銷或價值、打造加速營收成長的社
會引擎、按部就班將創新構想轉化為營收成長，亦即兼顧成長的有
機性、獲利性、差異性與永續性。

每個企業都希望能持續成長，但企業組織和地球上的任何一個

生命體一樣有其生命週期，也不能違反地心引力。樹長不上天，我們如果能從觀察百年、千年老樹，了解它們的內在成長以及其周圍的生態，可能會有另一番體驗，樹長到一定程度可能就不再長高長胖，但養分持續供輸，其枝葉可能會十分茂盛，庇蔭許多人，發揮其價值。

因此，當企業在追求成長時，質與量相同的重要，一味求量的成長造成暴起暴落的例子不勝枚舉。其他的成長是一種創造性的行動，但也是有紀律的社會流程，能串聯組織內各個不同部分，協調一致地提升價值。如果這本書在這方面能給大家一些啟發，做到優質的成長，我想也是推薦這本書的用意，祝大家成長愉快！

（原載於《成長力：持續獲利的策略》，推薦序，天下遠見出版，2004）

管理無法承載之道

---•---

　　當接到編輯寄來樣書時，我被中文書名《管理大師我恨你——為什麼你必須顛覆大師》及內容簡介「如果企管理論真的有效，為什麼還是有管理不善的公司」的反差張力所吸引。企業管理不好，教授管理的老師需不需要負一點責任？其實中文書名及副標都不完全是英文的原意：「誤謬的先知——大師的理論對公司有害」，可以看出編輯及出版社在地化行銷的用心，因直接翻譯可能說不清主題，或者不易引起讀者的興趣。

　　作者詹姆斯・胡帕斯（James Hoopes）是巴布森學院的歷史系教授，他仔細回顧幾位目前理論被廣泛使用的管理大師，其個人及理論發展的歷史背景，特別強調在美國文化中，尤其是對自由、公平與民主體制的意涵。因此和一般管理學者所寫的管理書籍角度上迥然不同。如果你將這本書當一般管理工具來看可能會失望，因為

那不是這本書的用意。

　　這本書比較偏管理哲學及管理理論的文化闡述，也等於對美國的經濟發展史做了一次瀏覽。從十八世紀奴隸的「工頭」，美國民營企業史上首見的經理人談起，在第一章對「工頭」在十九世紀的美國勞動市場及工作現場（紡織廠、機械工具、兵工廠、鐵路等）如何承上起下的管理有很深刻的描述。很少管理學者曾對這一段歷史，產業勞動現場的管理做過如此細膩的鋪陳，為第二章的泰勒登場提供了極佳的前奏。

　　泰勒的「科學化管理」將亞當‧斯密「分工」的原理發揮到極致，將動腦與動手的工作分開。接下來是作者稱為「工程師」的吉爾勃斯夫婦與甘特，將泰勒的科學化管理發揚光大。第三到五章將場景轉到分別被他稱為樂觀主義者的傅蕾特，開創「組織行為學」的梅育，及強調領導的巴納德等三位「人際關係學派」。最後的二位是他稱為「社會哲學」的道德家彼得‧杜拉克和統計家戴明。由於自己有工業工程及 MBA 的背景，我對作者挑選這七位沒有太大的問題，因為正好是我學習「管理」的歷程。因此這本書最有價值的地方，是讓我對這些理論背景有重新複習的樂趣。

　　泰勒在密德維爾及伯利恆鋼鐵廠的經驗，與當泥水匠出身的徒

弟吉爾勃斯之間也有互動，和他們開創出工作研究、工作改善、激勵獎金、薪資計算的過程都有關連。杜拉克的歐洲出身，第一次世界大戰後的局勢，以及後來到美國，尤其在通用汽車的一年半，讓他對「公司總裁」的角色有近距離的觀察，形塑了他早期對「管理」的認識及定義。戴明年輕時在人口局及農業部工作，後來在戰爭部的實務演練與傳播品管福音的歷史大家多少知道一些。戴明去世那年我正好在美國，他在晚年為了彌補祖國遲了三十年的品管實務，馬不停蹄的宣導授課，印象十分深刻。

作者的人文背景以及對自由、民主、公平、道德等理念的執著，使其在論斷這些大師時，如用魔鬼、瘋狂等形容詞來給泰勒定位，可能有些武斷。有異議的讀者可跳過這部分，暫時不用想要反駁或辯論，而是藉著這位有心研究「管理」的歷史學者，來補充一般管理學者在管理學發展情境脈絡上的不足。

大部分的台灣老師多是以很「實用」的態度在「教」管理，對管理理論提出的背景及大師本人的生平，鮮少著墨。尤其在管理「科學」的大纛之下，為求這些理論原則的中立、客觀，力求去脈絡化、去人化，才能用之四海、百業皆準。台灣的管理學界比較缺乏文化及歷史的角度與關照，在移植傳授這些「國外」的理論之

餘，台灣的學者是否「創造過」什麼管理理論？

　　李仁芳教授寫過〈拿大西洋海圖在台灣海峽找航線〉，找了二、三十年，我們的「航線」是什麼？台灣的「田野」——台積電、鴻海、宏碁、明碁能讓我們創造出什麼理論？目前七千個商管學院的教授，除了發表 SSCI 的論文，培養一些幹練的經理人（MBA、EMBA），對台灣的企業、產業的發展與創新有過什麼貢獻？對台灣社會「管理風格」的形塑又產生什麼影響？學者們是否遠遠落後於施振榮、張忠謀、李焜耀、郭台銘的創新？將經世濟民的道德責任放在企管老師身上是否言重了？

　　如果過去一百年的管理理論起源於替資本家節省浪費、降低成本，當時的鐵工廠、泥水工廠、汽車廠、紡織工廠的「時間與動作研究」，那針對今天知識工作者的研究田野，除了電腦系統、網際網路之外，我們如何去深入知識工作者馬斯洛較高層的心理需求，兼顧作者所強調的自由、公正等理念，俾能在知識經濟時代開創出更有人性的管理理論。

（原載於《管理大師我恨你》，推薦序，早安財經文化出版，2005）

無止盡的成長是一種錯覺

————————•————————

　　在工業革命以前的農業社會，不論在西方或東方，年復一年春夏秋冬四季循環，並沒有「成長」的概念。直到工業革命之後，成長的概念才逐漸形成，從此成為各種組織追求的目標。但經過一、二個世紀，全球經濟快速發展、市場開拓、資源開發，無所不用其極，於是於 1970 年代初，「羅馬俱樂部」即提出了「成長的極限和警示」。因科技的進步與創新，使他們的預言尚未實現，但並不表示我們可以無限期避開成長的極限。

　　以生物學的角度來說，生老病死本是常態，「樹長不上天」，能在天空飛翔的鳥類或飛機，其體積也有一定的限度。企業組織的成長也有其極限，歷史上的各個朝代持續繁榮的盛世，也只能各領風騷數十年或一、二百年，也就是說，每個組織有其生命週期。比爾‧蓋茲說過「微軟也不是不朽的，總有下坡的時候，我的責任是

讓其發生的時間往後延」。從美國的鐵路、鋼鐵、航空、到電腦業，很少有公司能靠購併發展或新事業而轉型成功。

　　為何在企業的發展上，人們會以追求成長為首要任務，「不成長就死亡」（growth or die），企業組織的生理結構被形塑成不追求新事業的發展（長出新的組織細胞），就無法過健康有品質的日子嗎？《成長的賭局》一書主要即在論述很多企業一味追求成長而徒勞無功，即使過去很成功的公司，最後還是靠核心事業在撐著。作者以麥當勞及英特爾為例，說明這兩家公司在過去十多年，花費數十億，並沒有開發出任何成功的新事業，或創造出更多的價值。

　　作者選取美國、英國的主流成熟企業，詳述其為追求成長、發展新事業成功率不高的事實。在二十世紀後半，百分之八十的《財星》五十大公司，成長率只有 2%、其中有 5% 是負成長，作者歸納出來的建議是，大型企業應「慎選」新事業機會。作者刻意迴避那些「少數」能持續不斷創新事業的公司，如 3M、佳能、維京集團；甚至矽谷旺盛的新興事業現象也不是他們探討的對象，他們認為創投的經營型態與專業能耐和一般公司不同，一般成熟大型公司不易學習與模仿。

　　作者也指出少數成功的案例，像 GE 跨入金融服務業，保誠人

壽涉足網際網路銀行，但都是謹慎挑選，集中心力，獲得組織全力投入支持，才能創造成功的新事業。大部分公司的新事業並沒有獲得原組織充分發揮潛力所需要的關注，為了追求成長，不斷嘗試許多新事業的發展方案，但受制於公司的資源、流程與價值，多半功虧一簣。

因此，作者建議「審慎多於鼓勵」，「挑選多於實驗」，「耐心多於躁進」，並提出新事業「交通號誌燈」來嚴格篩選。這些號誌提供了下面五種洞察：一、公司獨特的價值是可交易，轉化到新事業？二、新事業的學習成本有多大？三、利潤池是否大於嘗試成本？四、忽略將由誰來掌管新事業，五、低估從現有事業分心所導致的成本。這些號誌依其可不可行，分成紅黃綠燈。若各方向都沒有紅燈，只要有綠燈即可行；但當有任何紅燈時，新事業就不該進行。

在各章節以及附錄 A，作者分別討論了許多在台灣大家耳熟能詳的英美作者有關「創新與成長策略」的論述，包括柏格曼（Robert Burgelman）由下而上的「創新流程」、克里斯汀生的《創新的兩難》、華頓商學院麥克米蘭（Ian C. Macmillan）、佛斯特（Richard Foster）和凱普蘭（Sarah Kaplan）的《創造性破壞》、哈默爾（Gary

Hamel）的《啟動革命》、康特（Rosabeth M. Kanter）的《當巨人學會跳舞》。作者指出他們的「新事業發展」觀點中的缺口，我覺得是很有啟發性的文獻回顧（literature review）。尤其是過去二十年，科管領域的同仁一直在強調技術創新、經營模式創新，不斷出拳嘗試，認真玩創新等，是一很好的反思。

　　台灣這一兩代的經驗多在高成長期間學習、生活、工作與長大。許多的企業在享受長時間代工業的高成長後，多半的公司、政府決策者、大部分的人都不太能適應低成長的經營情境。部分公司在大陸追求第二春，追求更人的生產規模，但也面臨更大的競爭及微利化，部分公司欲轉向品牌行銷全球，也面臨品牌創造所須不同於製造能耐的挑戰，從量的成長轉為質的成長，從創造產值到創造價值，是最迫切的轉型。

　　如果我們不希望未老先衰，亦即在我們的國民所得未達到二萬美元之前，就進入低成長期，那慎選對的產業或經濟活動就變得很關鍵，過去三十年 OECD 國家的平均成長率不超過 3% 是事實，他們如何在高原期持續創造價值是很好的借鏡。

　　作者在最後一章「務實的年代」中，指出成熟的管理者應「自在於」經營管理長期低成長的事業。有少數能發展或收購新事業的

經營團隊，其實是因為他們學會了更善於辨識及發展適合的機會，而不會把金錢和時間浪費在太多的新事業方案上，以致於造成荒廢本業的「分心風險」。善用交通號誌燈，在真正有前景的機會來臨時，才不致於缺乏資源及耐心，錯過投入與支援適合成長的新事業。

（原載於《成長的賭局》，推薦序，天下雜誌出版，2005）

企業快速成長的秘訣

———————————— • ————————————

　　藍圖（Blueprint）在《價值十億的經營藍圖》這本書中是作者刻意使用的「關鍵」字眼，它不只是蓋房子的設計圖，也不只是指引未來方向的地圖，同時它也不是一般所指的「藍籌股」（Blue Chip），如 Intel、GE、IBM、可口可樂、迪士尼……等知名企業。作者在本書中對藍圖企業的定義是，1980 年之後上市的 7,454 家企業中，只有 5%（381 家）公司的營收成長到十億美元，但卻在 2005 年佔 1980 年之後上市公司雇用人數的 56%、市值的 64%，凸顯出藍圖企業是美國經濟的創新引擎與成長核心。

　　十億的門檻在美國企業的發展上是一重要的里程碑，除了策略、市場、產品要對，在組織、人事、營運上也都一定要做對一些事，才能打下持續快速成長的基礎。十億美金營收約三百三十億台幣，在台灣已可排名到製造業的 80 名、服務業的 30 名，以台灣企

業的規模來說，我想可以把這個門檻看成是一百億（在台灣的製造業約 230 名、服務業約 115 名），那是由中型企業能不能蛻變成大型企業的關卡。

在 1985 年經典的《創新與創業精神》一書中，彼得・杜拉克早就觀察到，美國已進入一個「創新與創業型」的社會。美國的成長與繁榮並不是由那些三十年以上的大公司在支撐。2006 年的《財星》前一百大的公司只有六家屬於藍圖公司，知名的大型公司並不能充分反映美國當前創新與成長的動態性與經濟事實。

企業都有其生命週期，會成熟、衰老，連比爾・蓋茲都說微軟也不是不朽的，他只希望那一天晚一點來到。《創造性破壞》一書中也曾指出，根據麥肯錫的資料庫，不管是《財星》一千大公司、S&P 五百大公司，長期來看，即使「長青公司」終其個別企業生命週期，其股東報酬也不一定能超越股市的平均。

從《追求卓越》、《基業長青》到《從 A 到 A+》，每隔數年就會有管理學者提出不同的研究，包括運用上市公司經年累月大量的資訊建立資料庫，再加上深入的訪談，試圖以此捕捉與闡述企業經營成功之道。在這麼多耳熟能詳的著作之後，這本書還能提出什麼樣新的觀點？

這本書作者大衛‧湯姆森（David G. Thomson）曾在北電及惠普擔任高階主管二十年，參與帶領企業快速成長階段，也在麥肯錫任職五年並擔任副董事長，他對於公司在「快速成長階段」共同有的經營秘訣感興趣。

一個有趣的洞見是，作者將藍圖企業營收成長的時間結構分成「從車庫起家到轉折點」與「從轉折點到十億美元營業額」兩部分。他發現不同企業的轉折軌跡並不相同，例如 Google 花了二年、思科花了七年才達到轉折點，但達到轉折點之後，同樣都在四年內達到十億美元的營收。在作者的研究中，藍圖公司的成長軌跡可分為三群，分別是在轉折點之後以四年、六年及十二年，達到十億營收之規模。

根據他的研究成果，不論景氣好壞，美國持續在產生藍圖企業，過去十年每年平均新增 31 家。這些藍圖公司都能力行以下七件事：

- 創造並維持突破性的價值主張，不只提供功能利益，也實現無形利益和情感利益。
- 在成熟市場也能開發高成長的市場區隔。
- 讓忠誠顧客成為企業營收的超級發電廠。

‧與大企業合作，借力使力進入新市場。

‧創造正盈餘和正現金流量，成為締造驚人報酬的大師。

‧內外兼顧的管理團隊，要有動態搭檔才行。

‧由要素專家組成董事會，而非投資人與經營團隊。

　　作者所探討的公司和我們科技管理研究所創新研究的對象雷同，都是新興且快速成長的公司，且他們的關鍵七要素和我們論述的「創新營運模式」（Innovative Business Model）、「創造價值、整合資源、形成事業網絡」大同小異，但他說得更為具體、更能操作化。因此，我們很同意作者的分析和歸納，在亞馬遜的讀者書評中，大部分的讀者也覺得十分受用。

　　美國的藍圖企業和一般的常識迴異，只有 18% 是資訊科技企業，反而非必需性消費類別，包括零售商店和網路零售業等佔了26%。作者剖析「創造價值」的主張有三類：第一類是「新世界製造者」，他們為全球顧客與家庭塑造新生活方式，且發生鉅大的影響力，如 Amgen、eBay、雅虎、思科……等公司；屬於第二類的有更多，即與克里斯汀生《創新者的解答》所提的類似，是藉由發現未滿足的需求而開闢的市場利基，如 Veritas、Siebel system、

Coach及星巴克……等;第三類則是與既有供應商相比,能提供突破性價格水準的企業類別殺手(Category killer),如史泰博(Staple)辦公用品、Home Depot、Best Buy……等。在頂尖藍圖企業創造的市值中,後二類佔了49%,足見不是新世界塑造者才能創造高市值。

在「整合資源」方面,作者強調與忠誠顧客密切配合,也和普哈拉的「與顧客共創」不謀而合,讓顧客佔有率(非市場佔有率)提高,亦即提升營收的「品質」,張明正在一次演講中也提到,好品質的營收就是降低「持續穩定」(recurrent)收入的成本,這樣才能創造驚人的報酬,例如忠誠顧客每個月會到星巴克十五至二十次,每月在星巴克消費約五十美元。

在「形成事業網絡」上,作者發現與大企業合作可借力使力進入新市場,像微軟與IBM、希伯系統與微軟和安德信、eBay與美國線上、基因科技與禮來公司、雅虎與AT&T的全球網(World-Net)……等,而P&G則堪稱精通「大企業/小公司」聯盟關係的翹楚。

總而言之,藍圖企業便是:能夠專注於實現關鍵利益,吸引最理想的顧客區隔;持續實現新的利益組合,與目標顧客創造持續的

關係；充分利用許可利益，產生驚人成長。而藍圖企業的領導團隊，除了需有足夠的專注力與推動創新的衝勁之外，也要有能力同時管理七要素。這些秘訣透過作者研究的數據，所列舉的實例雖是後見之明，但證據確鑿，有為者亦若是，可成為快速成長的藍圖企業，達到十億美元的境界。

（原載於《價值十億的經營藍圖》，導讀，商周出版，2007）

精實消費──與顧客共創價值

──────── • ────────

　　1991 年我到美國唸博士之際，兩位作者出版的《改變世界的機器──精實生產》詳細剖析了豐田汽車的即時生產，成為當時製造管理的最佳實務。此書特別讓美國在許多市場相繼失利的八十年代，從「日本第一」的反省與迷思中，彷彿找到了競爭力的解藥，一時洛陽紙貴，在產官學界都引起很熱烈的討論。

　　之後兩位作者又將精實（lean）的概念作了延伸及發揮，出版了《精實策略》（*Lean Thinking*），「去蕪（muda）存菁」是該書的核心概念，從 lean idea、lean concept、 lean transition、lean transformation、lean techniques、lean conversion、lean knowledge、到 lean system，好像什麼企業概念加上 lean 就很神靈。其實，該書想讓讀者瞭解一般的生產營運體制中，有許多不必要的浪費，以及沒有創造價值的步驟。

　　至於《精實服務》（ *Lean Solutions* ）這本書則聚焦在服務及消費面向，深入解構製造商較少注重的「消費流程、服務與價值的提供」。作者認為消費應像生產一樣地「精實」不浪費。在亞馬遜網站的書評中有人推薦本書將會成為「經典」。以企業生產供應角度的效率研究與著作早已汗牛充棟，但從消費流程及消費經驗合理化的研究，卻普遍與長久地被忽略。

　　行銷及消費行為學者雖已研究了半世紀，但很少能像這本書提出一個解構「消費現場」的簡單手法。顧客導向、「大量客製化」的口號喊了很久，但對服務流程的提供還是多以供應者的角度為之，很少以消費者的投入觀點為之。因此，消費者實際體驗的滿意度仍與廠商的認知有很大的落差。

　　顧客的不滿意並沒有因「精實生產」的普及而得到化解，這本書以我們「日常使用與維修」的電腦與汽車兩個例子，重複地深入剖析我們的消費流程、不滿意及浪費。現在已有很多科技及工具可改善此一消費流程，消費者也願意參與配合，來提高其自身需求的滿意度，但業界的反應好像仍慢了很多拍。生產者不應忽視這個已逐漸明朗的趨勢，甚至誤（濫）用消費者自願投入的時間、精力及知識。誰能建立「精實」的消費流程，善用消費者的配合，共同創

造更有價值的經驗，應會有很大的改善與獲利空間。

這本書延續《精實策略》的觀點，建議廠商瞭解顧客實際期望的價值，而非讓消費者在有限或過多的產品中去選擇。仔細檢驗各個消費流程，刪除沒有創造價值的步驟，建構精實的價值溪流；力求過程的流暢性（這也是創造力發揮的極致境界）；並讓顧客向生產者產生拉力，扭轉由生產者將產品推向顧客的方式，即時反應顧客需求（隨需選用）；並持續追求完善，達到供需雙方的零浪費。

IBM 自從宣示要從製造業轉為服務業，已可看到它陸續賣掉產品部門（如 PC 部門）、併購服務與顧問公司，且服務收入的比重已超過營收的一半。近年來也和學界合作研究開發「服務科學」的內涵，就像四十年前資訊時代來臨之際「電腦科學」被提出一樣，服務科學也可能成為未來消費與體驗經濟的顯學。

這本書所揭櫫「精實消費」的流程分析，即是未來服務科學中一個重要的章節，而與「顧客共創價值」更是方興未艾的管理最佳實務。希望讀者也能透過這本書儘早熟悉精實的概念與作法，也重視消費的流程與現場，掌握未來商機。

（原載於《精實服務》，推薦序，經濟新潮社出版，2007）

無招勝有招

———————— • ————————

　　前一、二年在台灣 EMBA 界流行一個叫「四不一沒有」的笑談。「不要相信課本、不要相信老師、不要相信同學、不要相信自己，管理是無（沒有）招勝有招」，前面的「四不」就留著給讀者去玩味，那一「沒有」和《策略直覺》這本書談的可能有關，如張三豐學遍各種武術，融會貫通後，所展現出來的已不屬於哪一門派，或能歸類到哪一個招式。

　　策略是管理學中晚近二、三十年才發展起來的理論，我 1975 到 1977 年唸 MBA 的時候，只有「企業政策」。波特 1980 年出版《競爭策略》一書，《策略管理學刊》也在 1980 年創刊。之後「策略」逐漸變成管理學界最主流、最核心的主題。西方有各種學派，如資源基礎觀點或動態能耐觀點，台灣也有司徒達賢的「策略矩陣」，吳思華的《策略九說》等也都洛陽紙貴。這些學者各自提出

不同的概念架構，供實務界參考。他們多半將策略當成可以理性分析，有其內在的邏輯。

我自己在業界與學界這些年的觀察，能夠充分貫通「策略邏輯」，且能將之很流暢地運用在實務者並不多。因為平常在做決策或需要為組織擬訂策略時，很多「概念架構」中的變數是自己填進去的，有些可以是較明確、較客觀的資料，但有很多變數是模糊不確定的，也很難衡量，有一些其實是本身主觀的意圖、企圖。

有一些顧問公司，學者常帶領企業進行策略會議，企圖為企業勾勒短、中、長期的策略，但執行（execution）與策略規劃（formulation）卻是兩回事。做好了規劃，不一定就能有好的執行，因此到最後也說不清是規劃不實際，還是執行不力。有些企業成功了，也不一定說得清楚，自己當初的策略是如何形成的，很多是事後才自圓其說的。

這本書試著來解決這個有關策略「創新」的盲點，也就是那些有大躍進、典範移轉性成就的策略，產生的剎那並非都是很結構的分析，或理性思考的結果。當然也不只是全靠右腦的靈光一現，依作者的看法是在那瞬間，右腦的創意力加上左腦快速分析「合成判斷」。

　　而這種判斷也和書中所提的另一類「專家直覺」並不相同，很多專業如律師、會計師、建築師也會有創新的見解或作品，但這些和理性左腦配合的創見，是在專家比較熟悉的工作環境下形成的，因工作十分上手，一眼就能透過其專業直覺，瞬間解決問題。但「策略直覺」所要面對的「情境」往往是前所未有、不熟悉的，無法急急做出決斷，需要一些時間的醞釀，並把原本左腦成串的元素打散，讓它們重行自新組合。

　　但要將這些眾多的元素合成一個有「原創力」的決策，其實已是在談論「創造力」的領域了。本書作者從孔恩的「科學革命」、熊彼德的「創新」、克勞塞維茲的「軍事策略」出發，加上神經科學、認知心理學及亞洲的哲學等來加強「策略直覺」或靈光運作的理論。然後再將策略直覺應用到商業、社會企業、專業及教育四個領域，各提供了一些耳熟能詳的案例，來印證其概念。

　　以商業領域來說，微軟與蘋果開創出來的「個人電腦時代」並非什麼偉大的策略，反而是像《意外的電腦王國》一書的觀點——一個時代的偶然，微軟與 Altair 的電腦語言合約，以及之後與 IBM 作業系統軟體的合約談判，都是「策略直覺」的例子，作者在書中有很細緻的描述；Google 的興起也是「無意間」、「碰巧想出」的

另一個精彩例子。

在最後一章提到的甘迺迪的登月計畫,固然受到蘇聯史普尼克的刺激,但矢志登月,這個幾乎不可能實現的夢想很難以過往的策略思維來解釋。就像民權鬥士金恩的名言:「我有一個夢」,慈濟上人在手頭只有四千萬就開始蓋需要一百倍資金的慈濟醫院,都非理性的策略規劃。固然本夢比的過度膨脹造成 2000 年的網路泡沫,但如上述的一些例子要有革命性、典範性的成功,策略直覺還是多於策略理性或邏輯。

我對這本書的定位基本上並不是要推翻過去所有的策略理論,企業們所熟悉的策略規劃等,而是要有突破性或典範性創新,在理性與邏輯之外,企圖與直覺的合成也是必要的。在 MBA、經理人的課堂內所能教的各種公式、招式,只是做決策的部分功夫,最後做決策出招時,是綜合左腦與右腦的合成判斷。因此對在紅海裡打拼、或面對目前這波大的不景氣,這本書若能給你一些靈感,或許可以為讀者帶來一道曙光。

(原載於《策略直覺: 偉大成就來自靈光一閃》,推薦序,財信出版,2008)

疾風知勁草 路遙知馬力

———————————•———————————

　　幾年前金融海嘯帶來的經濟不確定性，打翻了一竿人的眼鏡，甚至有位國際企業所的老師跟我說最近上課很難教，二十世紀很多經營典範的公司一個個應聲倒地，許多過去的經營法則不再靈光。

　　2009 年二月中我們實際帶領同學全台走透透參訪了十三家公司及機構，發現上千億規模的公司對今年的展望都很保守謹慎；但另有七、八家中小型公司，營業額在十億至一百億左右的公司，反而都比較樂觀，今年還能持續成長。初步的觀察顯示他們的產品多是少量多樣，生產極具彈性，很多生產設備還是自己設計的，比較多是以營業祕密而非專利，來保護其獨有的生產流程及配方機密等。另外有一共通點是他們在成長的過程中都拒絕過「大單」，不會盲目地追求規模經濟，而比較強調附加價值，而且在二月時，即有部分公司開始接到一些急單。

　　從宏觀來說，世界是平的，此次海嘯似乎無一處可避免，比較嚴重的像冰島、愛爾蘭，但各地的海嘯可能不是一樣的平。就台灣來說，因每家公司的策略，使其在面對金融海嘯帶來的不景氣時，所面臨的衝擊有所不同。在此一波不景氣之際，很多領導人如同《逆轉力——經濟不確定年代的領導法則》這本書作者夏藍的觀察，因實在有太多前所未有的「不確定」而亂了手腳。當然有些領導人較早就有心理準備，成立各種應變小組，以王品集團為例，到2008 年十一月份當年平均仍有 9% 的成長，因此還舉辦少有的大型年終晚會（全店因此休假一天）。結果十二月下來業績與去年同期下降了 4%，在一月中旬王品即已快速反應做出一個縮減成本費用一‧五億的計畫（97 年營業額四十七億），並決定加快在二級城市三倍開店（西堤及陶板屋的二代店）。我想王品戴勝益董事長即是作者所描述的領導人。

　　大陸「都市住宅開發商」萬科企業董事長王石 2009 年來台訪問，王石亦是這類的領導人。在金融風暴來臨前，就率先降低房價，雖引起同業及政府的不滿，最後仍證明他是對的，房地產價格已泡沫到背離事實太遠了，和市民的所得不成比率，這時企業領導人若不能很理性地懸崖勒馬，後果不堪設想。

　　在不景氣及紓困之聲哀鴻遍野之際，大陸及印度等新興市場卻吹起一陣「貧窮創新」之風，山寨手機、家電下鄉、NANO 汽車等，對已開發國家宣示的是過去的產品是否「過度設計」了？是否一定要遵循摩爾定律這個自我實現的詛咒？對這些貧窮創新有準備的公司，若能掌握機會配合生產，也可突破困境。

　　但在緊縮的過程中，設備與製程的冷機與熱機一來一往的損失實在不少，這次不景氣不確定的經驗應可使很多家公司的危機處理能力加強。《逆轉力》作者很務實地點出財務、現金、營業、客戶、消費緊縮、存貨、備料等營運管理，人力資源（含無薪假）的安排，幕僚單位以及董事會的戰略思考（逢低購併品牌，擴充投資）等，都是需要面對與因應的議題，也是作者夏藍想與讀者分享的心得。

　　這麼大的變動及不確定的結果必然是產業與企業的「世代交替」、汰弱扶強很嚴苛的考驗。在這一波洗牌的過程中，受影響較少的反而是學校，台灣有多少大學曾為此次不景氣開過危機處理的策略會議？當景氣再回來時，學校及教授都學到了什麼？夠不夠來教這些剛回魂的企業或以新法則興起的新興企業？

（原載於《逆轉力──經濟不確定年代的領導法則》，推薦序，天下文化出版，2009）

營運作業卓越的根本

———————●———————

　　我大學唸的是工業工程，雖然畢業後沒有做過一天的工業工程師，但在各個不同的組織崗位，對於工作流程設計還是有一定的DNA，且曾多次應用，也還得心應手。初看《更快更好更有價值》這本書的原名 Faster Cheaper Better，這好像是一百年前泰勒「科學化管理」在關注的事，讓我有些納悶。美國不是早把製造工作都委外（outsource）出去給別人做了，還有多少人對工作流程有興趣？必須講究「又快又便宜又好」取勝的不是只有麥當勞、沃瑪特等企業嗎？其實似乎更像是一個品牌商對台灣電子五哥的要求，甚至這正是中國、印度方興未艾的戲碼。當代講究差異化、個性化、整合體驗、質感與慢活的先進世界，要如何和這本書連結起來！

　　看了這位以「企業再造」聞名的韓默（Michael Hammer）大師遺作，讓我重新體會每個社會的 OS 作業系統：如捷運、郵件、

電力、金流、物流，能有效率地運作才是國富民安的基礎。畢竟美國為首的已開發國家，GDP 還有百分之二十幾的製造業、百分之七十幾的服務業都需要精進的作業管理。美國並不會因高喊知識經濟、體驗經濟就真的「空洞化」了，只剩華爾街在玩金錢遊戲。實際情況是作業管理不嚴謹，就會發生京滬高鐵的追撞，福島核電廠災變後處置、六輕的連續火災、或台大醫院移植到有 HIV 病毒的器官，和這本書所談的有沒有關係？當然有關係，他們就是疏忽了書中一再強調的一些工作流程與組織運作的原則，只是英文書名「更快、更便宜、更好」可能有些誤導。

施振榮曾在一次演講中提到韓默「企業再造」的觀念及作法，在上世代九〇年代初幫宏碁度過了一關。我認為「基業長青」的公司除了要貼近顧客（customer intimacy），不斷推出創新的產品（innovation products）之外，還要有卓越的營運作業能力（operation excellence），IBM、HP、Google、Amazon、7-11 都需要持續追求作業效率的提升。營運卓越或許沒有創新產品那麼光鮮亮麗，但是在對的時間將對的東西送達對的地方，確是滿足顧客的重要支撐。

再創新的產品或策略也需要有效率的部隊去執行，像 PChome

24小時的商業模式就需要很縝密的工作流程來支持。Apple 在 2002年之前只雇用工程師，之後開始採用很多 MBA 來負責其後勤作業，確認其 iPod、iPhone 及 iPad 鋪貨物流沒有問題。更何況顧客的要求越來越複雜，如何讓顧客在各個關鍵端對端的接觸點得到滿意的服務，並不是有先進的電腦系統就可以做到。讓對的人在對的位置去做對的事才是關鍵，書中的幾個案例，原來很卓越的公司組織及流程都有生命週期，會疲乏會老化，在適當時就需要來一次再造（台塑亦同）。

優秀的公司都需要「自主工作團隊」，他們關心結果、環境與顧客，而非一個口令一個動作、沒有太多工作動機的「非專業人員」所能成事。作者在好幾章中以看似很簡單、很傳統的電力公司為例，大家以為供電系統建置好，就可高枕無憂了嗎？日本東京電力公司面對福島事件的處置，就暴露了組織的蹣跚，和公務員的心態。我們在十多年前就接過一個「如何提高顧客滿意度」的電力服務專案，當時也拜訪過東京電力和在廣島的中國電力，以及蘇格蘭電力和法國的電力公司，印象較深刻的是這些公司是用什麼指標來衡量其顧客的滿意度。

台灣的電子業在全球的架構下已練就一身功夫，配合品牌廠

商，將採購、生產、製造、後勤一手包，在 98/2（98% 的出貨，在二天內到達）的要求下，使命必達。此外還加上更好的設計及更有競爭力的價格，從宏觀的角度來看我們是相對做得不錯，才會訂單不斷，有這麼高的製造佔有率（不是「市場」佔有率，因品牌不是我們的）。但從個別企業的作業單位來看（我們許多同學畢業就在基層工作），在營運上還是有很多改善的空間。書中提出企業成熟度模型（PEMM），可具體檢測出組織在執行流程的水準。

作者因深入現場，瞭解很多專案的實際操作，因此所描述不管成功或失敗的例子，都很真實地反映出要有卓越的營運，其組織、人事、領導都是息息相關，如何獲得財務及資訊部門的支持也很重要，雖然是從工作流程出發，但所牽涉的與「平衡計分卡」需考慮的面向都是一致的。管理其實沒有太多的訣竅，一步一腳印，不忘初衷，顧客滿意是最終的成果，而每個端對端的關鍵流程，須持之以恆地去維護與改善。因外界的變化很快，流程也需與時俱進，組織與領導也不得鬆懈。「更快、更便宜、更好」，聽起來很俗，但還是營運與管理的根本。

（原載於《更快更好更有價值》，推薦序，天下雜誌出版，2011）

品牌經營的奧秘

———————— ● ————————

　　台灣從 OEM、ODM 走到 OBM 似乎是大家的共識，也是轉型升級的出路。多年來的積習，只要侍奉好買主就持續會有訂單，已不太管用，同時毛利越來越低，在電子業毛三到四，或保一保二的說法，貼切地描繪出我們的處境。因此建立自己的品牌已是許多先行者的選擇，也是不得不走的一條路。從電子業的宏碁、華碩到 HTC、捷安特，還有更多的廠商也都在準備上場，希望在世界舞台發光。但曾幾何時，宏碁、HTC 卻都碰到挫折，可見在全球消費市場上競爭所需的功夫，我們的任督二脈還沒開通，所需的能耐還有許多欠缺。

　　另一方面，以國內市場為主的內銷企業，從家電品牌、服飾、到零售，早就有國內外品牌在市場上競逐佔有率。但因台灣市場規模的限制，面對大陸市場的崛起，內銷品牌的國際化與規模化是另

一個挑戰。台商曾有少數在大陸成功的品牌，如康師傅、旺旺、Tony Wear、達芙妮、自然美等，但是台灣還沒有像三星、Hello Kitty 能在華人世界之外成名，由此能進入 Interbrand 國際品牌排行的企業寥寥可數，且品牌價值堂堂落後，至少差到兩位數。

　　不論是製造佔有率很高的科技產品很難突圍，或內銷民生用品或服務品牌的侷限性，都共同指向了解遠方最終顧客的使用行為，及熟悉其生活與社會脈絡是關鍵。對經歷世界代工廠，微笑曲線中附加價值較低的組裝整合，台商的經驗與專長、能耐都需要進行調整。品牌經營、通路、說故事，所牽涉到的知識與邏輯都是台商相對不熟悉的，也需要時間的積累、資源的投入，其投資報酬的計算也是短視近利，以現金流為重，我們難以想像的。丁教授的這本《品牌管理》，像是即時雨，以「品牌權益」（brand equity）為核心，共分十四個章節，深入淺出講授了貫穿其背後的原理、原則，並透過許多國內外的案例來增加可讀性。

　　丁教授瑞華兄在東海大學是早我三屆經濟系的學長，他是當時「勞作室」及「工作營」的幹部，所以從在學校時就認識他。畢業後他在業界打拼，也在政大企研所拿到 MBA，最後當到東雲紡織總經理。之後在台北大學拿到管理博士，應輔大織品服裝系之邀

請，擔任其 EMBA 執行長，也教授「品牌管理」的課程。織品服裝走在世界流行時尚的前沿，品牌的國際競爭之激烈，大概很少行業能與之比擬，因瑞華兄在業界有相當紮實的實務經驗，加上管理科班的訓練，所以不管在校授課、或本書的撰寫都比學院派的「搖椅學者」來得有洞見與實際。

（原載於《品牌管理》，推薦序，高立出版，2011）

Part **4**

不一樣的生命情調

　　「事在人為」，創新的組織、創新的事業也都是人做出來的，因此本章談論的十五本書，以這些創新人物或領導人為中心。他們經常會被寫成書，表示讀者大家都有興趣了解，他們多半勇於走不一樣的路，不會隨波逐流，做他們認為該做的事。

　　這些人的風格可以很不一樣，沒有一定的模式，從英國維珍集團桀驁不遜，即興創作很多的理查・布蘭森：《袒裎相見：瘋狂、創新、成功的維京集團》（2009）、《宛如維珍：布蘭森的不同凡想》（2013）；日本律己甚嚴，講究心法與道法的稻盛和夫：《人生的王道：人如何活著》（2010）、《稻盛和夫工作法：平凡變非凡》（2010）、《生存之道：對人而言最重要的事》（2013）；到台味十足的《窮鬼翻身——五洲製藥董事長吳先旺的發跡傳奇》（2006），他們的性格南轅北轍，但都自在地做自己，因此最能夠表現與發揮到極致。《人生的王道：人如何活著》每一章節都引述稻盛的鹿兒島同鄉，明治維新先驅西鄉隆盛「南州翁遺訓」中的若干條文。

　　就像肯・羅賓森在《讓天賦自由》（2009）和《發現天賦之旅》（2013）書中所揭示的，聆聽自己內心的鼓聲，找到自己的天命，是創意很重要的來源。台灣的商管教育太工具性，教很多財務、行銷方法、策略、營運模式等，目的在培養「功能性」很強的會計

師、理財專員、市調員、專案經理、產品經理，而且偏向知識的傳授和一部分技能。能創新要有開創的格局，需要有不怕失敗的態度，而這些功夫著重在「內向學習」。

本篇中出現的人物，都不只是生意人或成功的企業家而已。他們的言行多能改變他人的工作和命運。在創新的世紀，教育的目標及手段都會和工業標準化時代不一樣。「有教無類」和「因材施教」的理想，或許會比較貼近需求，比較有機會實現。

《達人創業，稱霸小市場》（2008）雖不是特定人物，但與其追求 number one，不如做 only one。在長尾的時代，世界上各式各樣的「達人」都有機會在利基市場上達到高度的成就。在量產與規模之外，「深度經濟」可以吸引來自全球的粉絲社群。

林富元是我們高中這一屆相當成功的創投業者，在矽谷、海峽兩岸都曾投資、經營過相當成功的企業。他走的路和同屆大部分同學的職涯選擇不同，更豐富、更挑戰。他將自己在職場上、商場上一些心得寫成《8＋12 突破法則》（2005），提供給年輕人參考。

不管是策略或是成長力，都要有好的領導才能執行。「僕人」的領導系列（2010）是這段期間重要的著作，領導不是管理，也不是技術，而是和性格有關。而最能顯現性格所在是「惟有當做出正

確的事情所必須付出的代價大於我們願意付出的程度時」。

最後提到《CQ 文化智商：全球化的人生、跨文化的職場——在地球村生活與工作的關鍵能力》（2012），文化智商（Cultural Intelli-gence）是繼腦力智商（IQ）、情緒智商（EQ）以外，另一重要能力。在全球化、跨國經營成為必然後，專業經理人的全球移動力（Glo-bal Mobility）需要更多同理心，欣賞其他文化的優點，與不同文化背景的人相處，甚至合作創造的能力。

從第一篇著重在「創新概念」，第二篇的「創新組織典範」，第三篇「組織的運作」，第四篇歸結到人物、領導者的修為。若你已從第一篇讀到此，恭喜你；若你剛好翻到從本篇開始也無妨，開卷有益。

人生的另一種選擇

「寧為雞首，不為牛後」是很多人創業的動機，也是創業成功初期必經歷程，是台灣中小企業興盛的理由。但這幾年因宏碁、台積電、鴻海、華碩等集團，在全球競爭的壓力之下，不斷地擴充規模，並得到一定的戰果，這些成長與規模的故事充滿媒體版面，「數大便是美」的印象與觀點遠超過選擇「小而美」的可能性。

但畢竟大部分人並不一定有經營與管理大組織的能耐或興趣，也不想走向「彼得原理」——在每個位子表現都很出色，一直被提升到不能勝任的位子，然後成為妨害組織成長的人。但「大」也容易造成組織官僚僵化，很多錯綜複雜的併發症，大公司雖有很多因規模所產生的利益，但組織出問題時，造成的社會問題也更大。

《達人創業，稱霸小市場》一書作者蘇珊・弗萊德曼（Susan Friedmann）不但教你如何在「小市場裡賺大錢」，且提供了很多

自我評估的檢核表，雖然她的案例背景都以美國為主，包括最新的媒材工具，如部落格、Pod-casting 等門檻不高的行銷傳播管道。她所提示的很多作法在台灣也有其適用度。但因小利基市場範圍說多大就有多大，所以在運用本書的工具時，還要配合個人的修行。尤其作者因本身是靠演說與寫作為生，因此可能有過度強調書寫的部分，不過自我表達與行銷仍是很重要。

我覺得這本書更大的貢獻在提供人生或事業的另一種「生命情調」的抉擇。在知識經濟的年代，其實需要各式各樣的專業（professionals），大中型企業將很多非核心業務外包，創造了很多機會，每個人都有可能找到一個利基市場，建立自己獨一無二的能耐，並且能名利雙收。創業可以不再一味追求「規模經濟」，而是專精於「深度經濟」，亦即與其追求 number one，不如做 only one，「小，是我故意的」。世界上有很多各式各樣的「達人」，都可以在自己的利基領域達到很高的成就，一樣可以做到全球的格局。

記得研華劉克振董事長在創業計畫競賽時，屢次提醒同學要「對獲利沒有耐心，但要對成長有耐心」。很多創新對產業的衝擊（impact）都比預期來得慢，因為產業的萌芽需要很多條件的配合，

因此不能要求股東燒很多錢去等待市場的興起，應該先找到一個利基市場，提供能引起他們興趣的價值，讓他們願意買你獨特的產品或服務。即使規模不大，但還是有你的經營模式、收入模式，可養活自己，並持續去改善產品、流程或服務，建立一些實績（track record）。

從生意及創業的角度是如此，從人生道路的選擇也是如此，第一名永遠只有一個，但「唯一」卻可以有很多個，勇於不同（dare to be different），敢走「人煙稀少的路徑」（The road less traveled），也可走出自己的一片天。記得過去有一陣子IBM的口號是「Think」，這幾年Apple則推出「Think Differently」。

台灣過去一直是淺盤子，規模不大，但大家又喜歡一窩蜂，像葡式蛋塔一樣，很快就把市場做爛掉，差異化（de-commodity）與不從眾（defy the mainstream），是多元文化、多面向價值成熟社會的表現。這本書提供了有別於大企業成功不同的典範，可讓大家的勵志空間有較多元的可能性。

（原載於《達人創業，稱霸小市場》，推薦序，天下雜誌出版，2008）

生命情調的抉擇

———————— • ————————

　　四十年前大學畢業之際，劉述先有本書《生命情調的抉擇》，
書中的概念伴隨我日後在許多的抉擇中有一定的影響。這本《決策
DNA》，我相信很多人看了以後也會有一定的斬獲。作者史蒂芬·
羅賓斯（Stephen P. Robbins）強調「決定」在人生中的重要性，
但我們在學校內外的課堂上並沒有特別刻意去學習它，導致很多人
一生中做了很多「壞」的決策。

　　作者除了告訴我們許多理性決策的觀念，也說明為什麼理性決
策這麼困難。透過七項人格測驗，他幫助我們了解自己的決策風
格，並且提出大部分人在決策過程中所造成的偏差與錯誤，這些也
都是你我常犯的，如具有過於自信的傾向，大部分依賴可取得的資
訊而非重要的資訊，過於草率的完成資料的搜尋，以及侷限可能的
選擇方法。

　　作者所提供的決策技巧，包括一、改善決策過程，二、目標設定為首要工作，三、盡可能的運用理性決策過程，四、維持現狀會付出代價，五、了解你的人格傾向，六、找尋與你信念相矛盾的訊息，七、思考一個局外人會如何以不一樣的眼光看待事件，八、不要嘗試對隨機發生的事件創造意義，九、增加你的選擇，十、勇於面對錯誤。這些技巧可能知易行難，因學習「對」的決策過程並非一件簡單的事，必須花相當的功夫來熟練。大多數的不良習慣都是經過長時間的累積而成，改變這些壞習慣也不可能一蹴可幾。依著書中的指示並不斷閱讀，不時可以發現改進的地方，提升自己決策的品質。

　　作者是「管理學」及「組織行為」等暢銷教科書作家，我剛回政大在大學部教「管理學」時就曾用過他的課本。因他旁徵博引、有許多案例，比較容易對沒有實務經驗的同學說明「管理」的情境與要義。由於有不少老師採用，當時也有中譯本。如今他這本非教科書的著作《決策 DNA》，可將之視為工具書或勵志書，正好彌補我們在人生的課堂上最缺乏的一門功課。在自序中他提到，經過三十年研究組織決策的經驗，他希望以一般人較容易懂的方式來呈現分享這些秘訣，這本書的翻譯也十分流暢易讀，要歸功於譯者的

功力。

　　拿到這本書英文原著時（*Decide and Conquer*），我一直在思索為何一本談「決定」的書卻在書名上加了「征服」一詞，後來仔細推敲，我覺得應是「克服」自己過去的壞習慣之意。如果每個人能多做幾個「不後悔」的抉擇，不只個人的生命情調變得比較舒坦，集體的「共同生命情調」亦會變得較健康和諧。我想若大家能努力征服自己的壞習慣，我們應會有更好的個人、家庭、社會，甚至國際「關係」，因此也可以期待更好的明天。

（原載於《決策 DNA：組織行為大師羅賓斯教你做好決策》，
推薦序，培生教育出版，2004）

我們這一屆

———————— • ————————

　　好朋友富元兄，集資深創業家、演說家、作家於一身，2005年將過去一年在《工商時報》專欄的文章集結成書：《8+12突破法則——百戰百勝商職場》，囑弟為序。富元兄和我都是1951年次，在大同初中及建中都是同屆的，千禧年時我們正好是五十歲。走過半個世紀，目睹歷經了戰後台灣從農業轉到輕工業，再轉到資訊、網路、生技的社會。

　　同屆的同學，大半有出國求學與工作的經驗。那一屆建中二十四班只有一班是社會組，兩班是醫農組，大部分是唸理工，年長之後有些晉升到管理職或創業，在各行各業都有所成就與貢獻，如在半導體業的蔡力行、左大川、宣明智，在政府機構的曹壽民、洪奇昌，奧美的白崇亮，故宮的石守謙，海生館的方力行，還有在大學裡傳道授業的多位教授，我較熟的管院就有政大的李仁芳、交大的

楊千等,理工電資學院的可能更多,族繁不及備載。

這半個世紀涵蓋了傳統產業的沒落、金融產業的轉型升級,新興產業的摸索與引領。我們在三十歲左右欣逢全球 PC 產業萌芽,四十歲時半導體崛起,四十五歲網際網路來勢洶洶,同時參與了當時相關軟、硬體經營與創業的諸次戰役獲得勳章、桂冠榮耀的大有人在,也不乏受傷淡出的同學。

我們這一屆的同學在五十五歲時,有些人已步入退休潮,在職場上、商場上該贏的、該輸的都經歷過了。富元兄很真誠地將其在人生的第一或第二戰場上打滾的心得,有系統地整理出來與大家分享。我們這一代所成長的時代背景與產業發展,或許和很多六、七年級生的際遇很不相同。現在年輕人成長的環境相對比較優渥,國際化程度較高,但很多職商場上的基本道理,或人生面對職涯的態度其實是有其共通性的。

富元兄提出來「辦公室十大特殊人物」是很精闢的觀察,可協助你盡早認識你的同事與上司,在職場上遇見的人通常會比在校時同學的變異程度更大。在生涯早期遇到好上司、好的人生導師固然可喜,嚴厲怪異的上司未嘗不是另一種磨練。接下來「十二大要訣、八大態度」,都是富元兄經過血汗體驗換來的心得,在學校裡

的老師教的大部分是書本上的知識，在職場能力和態度上的教導較少，很多老師其實本身也沒有太多的職場經驗可以傳授，富元兄的職商場歷練多元豐富，興趣廣泛，有太多的故事可以作為題材，同時口才及文筆都是一流的，這些忠告都深入淺出、淺顯易懂，是職商場新鮮人的葵花寶典，甚至是過來人也在多處會不禁莞爾。

　　商場上總是有高低起伏與興衰，在最後兩章他也很誠懇灑脫地鋪陳「退出、淡出」的藝術。我們這一代，成長之際對岸剛好在鬧文革，整個人才斷層了十年，讓我們在四、五十歲之際能在太平洋兩岸有較多的發揮空間。目前大陸市場崛起很快，對岸年輕的一輩有更多發揮的機會，台灣的年輕人相對面臨了較大的競爭與挑戰。對岸的青年急於成長，雖然市面上也有一些勵志性的書籍，但能像富元兄有這般自由市場經濟磨練、有創業創投國際觀的人生導師並不多，因此未來在大陸的發行，可想像也會洛陽紙貴。

　　富元兄的幾次在台灣的演講、簽書會，風采迷人，目前也有義工為其製作網頁，採用部落格機制，更快速擴散其經驗。台灣最近因產業的出走與空洞化，相對提供了大家一個反省的空間與沉澱的空檔。人生歷練豐富的上一輩若能分享傳承一些人生智慧給下一代，是台灣精神延續，過去五十年從外表所呈現的經濟奇蹟，其實

根源是有一群人在當時時空背景下能培養健康正確的人生觀所支撐。富元兄其實工作上還很忙，但在心境上他可以空下來，和大家懇談分享「快樂勵志、心靈成功」是大家的福氣。

（原載於《8+12 突破法則──百戰百勝商職場》，推薦序，時報文化出版，2005）

傳奇與傳承

———————— ● ————————

　　吳先旺豐富曲折的人生「傳奇」與作者蘇拾瑩對「傳承」的發
心與努力，成就了《窮鬼翻身》這本書。吳先生的事業或許沒有王
永慶、張榮發、高清愿的規模與絢爛，但在台灣類似吳先生的中小
企業反而較為普遍。吳先生年紀比我父親及岳父小一些，但同樣都
是從鄉下赤手空拳來台北打天下，他們所經歷的幾個時期與情境，
有些是目睹看過，有些是聽過有印象，讀起來倍感親切。

　　四、五〇年代的那些景象，可能是目前六、七年級生不容易理
解、體會的一段歷史，但作者的描述十分生動，許多場景、人物都
能一一浮現，「台灣中小企業精神」被具體地刻劃出來。這本書對
有興趣的年輕人，無疑是一個能建立跨「世代共同記憶」的載具。

　　吳先生這一輩子創過很多事業，從機車行、黑油、藥品、建
築、婦產科到中醫院都做過，正是學理上所說的連續創業家（Serial

Entrepreneur），有創業精神的人會不斷地思考新的事業點子，且會起而行去實踐之。吳先生做一行像一行，雖然當中也遇到過一些挫折，但大部分都能成功，更妙的是他多能急流湧退，再去創造不同的新事業。

他雖然不識字，但對決定去做的事他著力都很深，包括養鴿、古董等嗜好。從小時候管理魚塭，對海鳥獵食虱目魚的觀察，以及寒流來時如何搶救魚塭，提前發覺海水倒灌的信號等，他都能發展出自己的在地知識（local knowledge）。同樣開機車行，許多人開了一輩子，但他很快就發現賣小包裝黑油的機會，因而得以轉行翻身。所以不識字，並沒有成為他累積知識與學問的障礙。他常說「學問，多學多問，多發表，知識就是你的」。對你所關心的事，積極地涉入（engaged），「用心就會捉到竅門」也是他的理念。

他很早就瞭解到商標的重要性，大家都能朗朗上口的「足爽」與「斯斯」廣告詞，也是來自他的創新構想。針對目標市場，這些平俗近人的行銷策略，廣告的投資效益極高，是資源較匱乏的創業者可以參考的。有了品牌後，他對品質的堅持也是維繫品牌資產的重點。

就創業的理論而言，除了知識與能耐之外，發現別人沒有注意

到的「機會」也是創業的關鍵。他說「別怨嘆沒本錢，機會就是你的本錢」，但要有洞察力則需要先累積與整合先前知識（prior-knowledge），因為「機會到處都是，但不會發生在不熟悉的地方；隨時都有，但不會落在沒有準備的人身上」，吳先生從實務上的體會和學理也不謀而合。

創業者發現的機會通常會大過他手上擁有的資源，因此要有很好的溝通能力，去說服有資源的人來協助你。吳先生也善用自己的實績（track record）去經營其人脈關係，才會在需要的時候碰到「貴人」。像是書中提到他的兩位金主伯樂，即是吳先生和他們從小的借貸關係中逐步建立起信用，才能在事業擴張時得到所需要的財務調度。

在吳先生的傳記中，也看到一些如何當老闆、如何以身作則、待人用人的「領導」哲學，但比較少看到的是團隊，或他的班底。因為本書以吳先生為中心，而不是他的企業體，五洲也沒有上市上櫃。其實並不是每一個企業都是以做大為絕對的目標，如能做到最適規模，人生也可以很愉快。有些創業者沒有退出（exit）的智慧，反而被事業拖住，退不下來，交不出去，真的是又企（氣）又業（孽）。

　　前面說過吳先生的事蹟反映了台灣過去無數中小企業發展的形貌，是很好的記憶傳承。或許有年輕人會問，在二十一世紀知識經濟中，不識字的人是否也能創出一番事業？我相信 Google 上能找到的「資訊」只是人類「知識」的一小部分，反而我們要問的應是，為何很多識字的人無法做出像吳先生的事業？因為盲眼者比較不怕槍砲，知識的束縛讓人有所不為與不能，反而失去一些本能與衝動嗎？

　　與創業相關的知識與能耐，有許多無法在一般的資料庫中找到，其中有一部分必須要像蘇拾瑩這樣地爬梳與整理才能獲得。雖然寫傳記（非學術考證）免不了多少有些選擇性地隱惡揚善，但並不傷害本書成為年輕人勵志的讀物，加上作者透過對吳先生的事蹟，對台灣中小企業繁盛的創業精神之勾勒十分生動，值得推薦給大家。

（原載於《窮鬼翻身──五洲製藥董事長吳先旺的發跡傳奇》，推薦序，商周出版，2006）

看得懂，不一定學得來

　　理查・布蘭森（Sir Richard Branson）是一位特立獨行的企業家，他所創的維京集團也是企業界中的一個異數。布蘭森沒受過正規的管理教育，但其創業精神、創新與創意，讓人拍案叫絕。維京集團的營運範疇橫跨音樂、航空、交通、媒體、電信、財務、健康、旅遊、休閒、綠色、及太空旅行。在全球二十九個國家有超過二百家公司，員工五萬人，營收超過一百七十億美金。很少有一個品牌能涉獵這麼多不同的行業，還能在各個領域都經營得不錯，它們不見得在各行業是最大的公司，但各有利基，都有其特色。

　　有關維京集團或布蘭森的書已不少，但這本由布蘭森本人現身說法，就如中文書名「袒裎相見」，布蘭森很隨性地透過許多身邊的小故事，敘說他的經營理念及決策管理風格，讓讀者很容易了解維京的許多事業是如何創立的，如何經歷市場考驗成長，如何度過

危機,相當有啟發性。

在亞馬遜的書評中,有一位的評論是「可以讀,但不要盲從跟進」,因布蘭森的直覺或創意的即興式演出,大部分的人是學不來的。為了給集團公司的品牌加持,布蘭森可以犧牲色相、全裸演出、或穿著睡衣與 CEO 面談 (呼應書名)。

布蘭森在這本自傳式的告白中,將他的創業心得與經營經驗分成七個章節,從「人」出發,接著談「維京」品牌,維京集團大部分的事業可被歸屬在服務業,和製造業的「心法」大不相同,因此第三章談實現承諾(fulfillment)、達交(delivery)的重要性。布蘭森投資創立過很多新的事業,當然也不是一帆風順,全都成功,第四章主要反省如何「從錯誤及挫敗中學習」。創意、創新與創業是貫穿這本書的主軸,而「瘋狂」與「成功」則是其調味料,布蘭森透過更多的故事,分別呈現在第五章「創新:事業的推手」與第六章「創業家與領導」,最後一章則是說明維京在綠色及公益方面的努力,但布蘭森將社會責任也看成是機會或生意,不完全以成本或負擔來面對。

本書的寫作風格刻意比較隨性,就像朋友在講故事給你聽,並沒有太明顯的經營管理框架或原則歸納,只有章節名稱所提示的概

念。一個故事接一個故事，並且透過第一人稱，所以讀起來比較親切、生動、有趣，很多人應會愛不釋手。

（原載於《袒裎相見：瘋狂、創新、成功的維京集團》，推薦序，高寶出版，2009）

因材施教與有教無類

———————— • ————————

　　這本書能將「elements」翻成「讓天賦自由」是很傑出的創意，找到天命才能發揮熱情，成就自己與社會。

　　目前的教育體系基本上是為了服務「工業時代」而設計的，GM的破產象徵了一個時代的結束。台灣的代工經濟奇蹟，有部分也得利於我們的「教育」成功，培養了很多便宜優秀的工程師及基層人力。但未來一切都在變，教育的供需也在變，一方面大學從「窄門」變得寬到不能再寬，一方面入學年齡的人口在減少，但如把大陸及國際市場都納進來，教育市場又是另一幅景象。更重要的是在未來「後工業經濟」或知識經濟時代，可能不需要太多制式標準化的乖男巧女，而是多一些有創意、有想像力的未來人才。

　　沿著馬斯洛曲線，物質的經濟指標已非是一個成熟社會追求的目標。每個人的「自我實現」才是社會和樂與幸福的指標，但我們

的國民、政府、學校和家長都還沒做出心態上的調整，政策上的轉型仍遙遙無期。國家未來的競爭力和國民幸福指標漸行漸遠，《讓天賦自由》所強調發掘天命、激發熱情，才能創造成就是一個很重要的提醒。從多元智慧的論點，每個人的天賦都不同，每個人對數字、文字、音樂、肢體的敏感度都不一樣。人才不可能也不應被雕塑成標準化產品，但要「因材施教」或「有教無類」都是很高的成本。全民是否有共識，國民教育本應如此，還是標準品以外的「特殊個別教育」，都視為是個人的負擔。

　　台灣教育部前幾年擬定了創造力教育白皮書後，推動的「創造力教育」計畫，在「教改失敗」的背景下，仍然活化了許多校園中草根的力量，相關的活動比賽如雨後春筍般展開，但因無更顯著的量化研究成果，計畫已告一段落。在大學中也推動「創意學院」，希望由招生、教學及評量都能有別於傳統的作法，為創意尋找一條新活路，隨三年計畫結束後，大部分學校也停擺。在 2009 年初的科技會議已決議將「未來想像力」列為一個新的教育「元素」，剛好可以呼應本書所提倡的概念與價值，讓多元發展成為一個常態，才足以應付多變、不確定的未來社會。

（原載於《讓天賦自由》，推薦序，天下文化出版，2009）

領導的眞諦

—————————•—————————

　　市面上需要另一本有關領導的書嗎？雖然我不是教領導的，但我書架上至少有二十本，亞馬遜有兩百六十多萬本。中外公司每年領導訓練課程費用高達一百五十億，表示這方面需求很旺盛，每年都有新的幹部被賦予領導的任務，領導是與生俱來的嗎？似乎不是；許多已在領導的人也沒能做好領導的工作，因此他們也需要學習。另外是否有可能目前有關領導的產品或服務，數量雖很多，但品質不夠好？

　　《僕人：修道院的領導啟示錄》以及《僕人：修練與實踐》這兩本倡導「僕人式領導」（Servant Leadership）的書確實不一樣，在亞馬遜網站上讀者評論分別獲得五顆星與四顆半，這是很難得的。作者詹姆士・杭特（James C. Hunter）分別以故事及論說的方式，讓你對「領導」有全然一新的看法與作法。「僕人式領導」倡

導為別人服務、為別人奉獻，是領導的開始。書上這麼說，大多數
離職者並不是真的想離開公司，而是想放棄他們的主管，領導不好
的老闆。

作者一開始對領導定義，就說它是一種「技能」，技能的學習
和知識的學習是不同的，不是看書或上課就學得會的。你還記得你
以前有關「技能」的課，都是怎麼學的嗎？你如何學會游泳、騎腳
踏車或打字，基本上用「身體」去學的東西，熟能生巧，學會了就
一輩子會，相反的，用腦袋去學，如物理、化學、數學，後來沒用
到，大部分的人早就忘光光了，還給老師了。

大家都知道哈佛商學院是不用教科書的，以研讀、討論個案為
主，連「領導」的課也是用個案教。我記得嬌生公司的頭痛藥被千
面人下毒的危機處理事件就是領導的個案之一。但 2005 年到哈佛
接受「個案教學」的課程前，他們曾寄來兩本「書」，其中一本是
《判斷的教育》（*Education for Judgment: The Artistry of Discussion
Leadership*）。「判斷」是一個領導者最重要的工作之一，因領導者
要決定（make decision）組織該做的事（why & what）。

作者認為領導和管理無關。管理是計畫、預算、問題解決、控
管、維持組織運作。管理是日常的行為，而領導則和本身的「性格」

有關，性格會影響你的決策與選擇，書中提到「惟有當做出正確的事情所必須付出的代價大於我們願意付出的程度時，才能凸顯出性格的真正所在」。

作者也說性格其實就是每一個人的習慣的總和。想要成為一位以「僕人精神」為本質的領導人，必須具備極強的動機，舉一反三的能力，以及經常的練習，最重要的是有意願及動機想要改變自己、追求成長。「舉一反三」是一種反思（reflection）的能力。凡事都要養成意會（sense-making）的習慣，只有將自己的學習經驗、知識及體會融入每天的生活中，潛移默化，你才有可能成為一個成功的領導人。

而領導最重要的是激勵別人，讓他們把事情做好。領導可以影響人們願意、甚至是熱誠地奉獻自己的心力、創造力、以及其他可能影響到彼此之間共同目標的資源，領導就是要讓人們願意對團體的使命具有責任感。慈濟在這方面做得很不錯，每個活動都可動員那麼多的志工，尤其在災難、救急的現場都可在第一時間趕到，有條不紊，很愉快法喜的完成任務，還要感恩對方給他們這個機會成長。對領導人終極的測試是，當你的部屬離開你部門之後的表現，會比他還沒有加入你的部門之前表現得更好嗎？

　　在政大 EMBA 領導與團隊的課程，每年都會要同學提出領導的「典範」，從過去大家熟悉的施振榮、張忠謀、史蒂夫‧賈伯斯，到孫運璿、慈濟、尤努斯。我們曾討論到周杰倫是不是領導的典範？他是當代華人原創歌曲、流行文化極有影響力的少數人，他〈青花瓷〉的詞都入了大陸考題。在文創方面的領導人和在科技業有些不一樣，他不一定有組織，有組織也不一定很大，像雲門、表演工作坊。但他們的影響力、感染力都無遠弗屆。

　　書中特別區分威權（power）和威信（authority）的差異，多數傳統的領導角色都以威權為主，只有少數的領導人會在威權的領導風格之外建立一些威信，藉由這樣的組合，得到眾人的信任。威權是買賣，能夠買賣的東西，會得到也會失去；而威信是一種技能，讓你運用個人影響力，讓別人心甘情願地照著你的意願行事。這是我們在學理上稱交易型（transaction）領導和轉型（transformation）領導的另一種說法，這兩種領導的方式若能適當地交互運用、組合，可以發揮領導的功能。

　　作者有兩個章節特別提到「愛」，愛是推己及人，找尋出別人的需求；同時，也為了滿足別人所需而努力，這就是僕人的意義，以及這兩本書以「僕人」作為題目的真諦。作者引了《聖經‧哥林

多前書》「愛的箴言」，愛的「八大特質」包括愛是忍耐、恩慈、謙卑、尊重、不自私、寬恕、誠實、守信（後六個從原詩句中的否定改為肯定的說法），這些道理和我很敬重的日本「經營之聖」稻盛和夫的言行十分接近，他除了創立京瓷（Kyocera）、第二電電公社（KDDI）、「盛和塾」等之外，最近退休修行多年後，又以七十八高齡出山承接了挽救「日本航空」的歷史重任。他就是「勇於承擔」這項領導人特質的典範，他在《人生的王道：人如何活著》所提出的道理，以及他從創業以來的領導風格和僕人式領導十分接近。

在最前面我們提到，領導是一項技能，不是用看書就可以學到的，作者覺得人必須下定決心改變習慣，從「無知無覺、尚未學習」、「已知已覺、正在學習」、「已知已覺、已經學會」、到「不知不知、運用自如」。雖說「技能」會越用越純熟、舉一反三、觸類旁通，但知行合一在實務上很困難，這也是為什麼放眼望去，我們很缺好的領導人。多年前，在一次領導人的座談會中，張忠謀說在台積電，足以勝任領導人的不出一個手掌。當時同席的施振榮說在泛宏碁集團內可以獨當一面的領導人超過一千人（群龍計畫），這十足反應了二位對組織、領導及人才的看法與作法。我比較贊成

在大小、組織不同的位階，我們都需要適得其所的領導人。

在美國的南達科他州（North Dakota）羅斯摩爾山（Rushmore）有四位總統的雕像（華盛頓、傑佛遜、林肯及羅斯福），美國歷屆有那麼多總統，為什麼是這四位？因為這四位影響力最大，在他們的領導期間，做了一些對美國整個國家及美國人最有影響的事情。在哈佛的另一本書《記得你是誰》，其中有一篇寫到為我們授課的一位老師，在這四座雕像下，被他女兒問到，你影響過什麼人？從此他很注意自己到底是否影響了上過他的課的同學。其實能上哈佛的不是現在就是未來的領導人，在每一堂課的互動，是否能影響他們變成一個較佳的領導人，對企業、對國家、對社會都很重要。

以最後這個故事和本書的讀者共勉，讓我們在不同崗位上，發揮我們各自的影響力。

（《僕人：修道院的領導啓示錄》及《僕人：修練與實踐》，推薦序，商周出版，2010）

國魂與社魂

————————— • —————————

　　原本以為我對稻盛和夫並不陌生，二十多年前我曾聆聽他來台灣講的「盛和塾」（記得是在國賓飯店）；1997 年在「京阪奈關西科學園區」參觀過京瓷的一個研發單位；2004 年在東京也參訪過第二電電 KDDI 的 AU 通訊事業；在末松千尋的《京都式經營策略》一書中，京瓷就是重要的案例之一。

　　過去三十年，從和 Skylark 往來開始，我曾因公因私到訪日本超過四十次，日本東、西、南、北大致都曾踏足，產、官、學、研機構也參訪不少。因略懂日文，對日本管理相關的議題也一直保持接觸，但看完本書中譯本，我才重新認識了稻盛先生，為何被稱為「經營之聖」，而且心情還有些沉重。

　　稻盛和夫有感於當代日本人的素質低落，很多原先優秀的公司醜聞、錯誤事件層出不窮，本書是他於 2005 年十月至十二月，在

《日經商業周刊》連載《敬天愛人──西鄉南州遺訓及我的經營》之內容整理而成。每一個章節分別引述明治維新志士西鄉隆盛「南州翁遺訓」四十一條中的若干條，除了還原明治維新當時的時代背景，有些遺訓的源頭還可追溯自中國文化，例如與四書五經有關。稻盛並以他在當代創業與經營企業的經驗給予新的詮釋，從其章節名稱：無私、利他、大義、王道、真心、立志、精進等，可以理解稻盛與西鄉二人的恢宏氣度與視野高度，憂國憂民，以及對日本與日本人的期許之深。

　　稻盛是日本企業界中的一個異數，有些企業家一生只創過一家公司。稻盛能創立二家公司，二十七歲就在上司及部屬的協助下，成立京都陶瓷；在五十二歲時為突破 NTT 的壟斷，也在眾多企業家的支持下，創立了第二電電。京瓷與 KDDI 都因經營理念與其打下的基礎，經營得相當成功。更重要的是，稻盛先生能在事業高峰「退」得很瀟灑漂亮。在社會回饋方面，除了京都賞、盛和塾，自己也在六十五歲出家，身體力行精進各項修為。

　　在弱肉強食的競爭市場與無為放下的修行世界，對他來說轉換自如，可以相同的道理貫穿其間。這是這本書最難得的地方。閱讀此書，除了書中所示的人情義理或組織經營的哲學之外，其實也讓

你深度地認識同為鹿兒島出身的二人，他們一生的事業與行誼，一位是推動明治維新的先驅——西鄉隆盛，一位是參與打造戰後日本第一的稻盛和夫。人生的道理透過人物與故事的現身說法，較有說服力，更容易傳達。

我的父母及岳父母都受日本教育，且有二人在日本上過學，比稻盛先生略長幾歲，算是同一世代的人。我從小在他們身上與其交往的日本人及平日的庭訓，看到上一代日本人的特質，以及日本教育留下來的一些痕跡。2010 年暑假有機會與一位日本的廣告業前輩波岡寬見面詳談，他也有感於日本現代年輕人的氣質不佳與素養低落，七十歲開始集結資源，推動幼兒的「身美教育」，讓三至六歲的小朋友從小了解漢字與日本文化之美。（我曾為這件事寫了一篇專欄，〈「身美教養」和興國〉。）

就像稻盛或波岡，日本的企業家在面對日本人的品質低落所發心從事的努力很令人敬佩動容。台灣人最近幾年也生活在腥羶色充斥、心靈荒蕪、被貪嗔癡佔據、往下沉淪的世界，不免令人擔憂台灣未來的競爭力，甚至是生存力。在許多台灣同胞的身心靈出了問題之際，這本書來得是時候。我們的國家領導人及企業家，在追求成長與擴張之餘，傳達給其員工及社會大眾的訊息與精神是什麼？

　　或許有人說台灣面臨的險惡環境，求生存都來不及，哪有時間奢談這些道理，但我認為即使我們贏得了全世界的這個市場，那個市場，但卻失去了人心的基本品質，這樣的榮景也不會長久。只顧「拼」、「贏」，其他的事情再說，為了目的可以不擇手段，這樣的思想與態度都不是任何一個國族安身立命之道。我之所以覺得沉重，是這些空谷足音有多少人聽得進去？日本人過去的這些美德也在經濟成功後失守，我們要花多少力氣才能挽回固有的善心與美德，而這些美德的維持要如何才能不墜，是很大的課題與共業。

　　另一方面，台灣的可愛之處是我們從來不缺不是為了錢而做事的人，台灣的人文氣息或文化底蘊，若還有一些基礎讓我們揮霍、領先今日的大陸，都是這些人的功勞。稻盛是在「鑽石與和尚」兩個世界都試煉過的人，他對國家與企業組織精神所做的反省，循循善誘的叮嚀，應該更有說服力及感染力，希望這本書能激起一些靈魂的迴響。

（原載於《人生的王道：人如何活著》，推薦序，天下雜誌出版，2010）

從生計、生活、到生命

————————— ● —————————

　　身為嬰兒潮或日本叫團塊世代這一輩，目睹父兄和自己這一輩從較貧困出發打拼，創造了日本戰後經濟奇蹟和亞洲四小龍。這一、二個世代即使不是工作狂，也多少樂於工作，大致工作觀和價值觀是相類似的，不至於像稻盛和夫所針貶目前的年輕人視工作為畏途，能閃則閃。但台灣的草莓族或更年輕的世代，因在較富裕的環境中長大，雖眼見父執輩及師長們持續勤勞工作的一面，但並不完全認同或接受這樣的工作觀。

　　有些社會因戰亂或政治經濟發展落後，「生存」都有問題，想努力工作都不一定求得溫飽；有些國家要辛勤工作才能贏得三餐，給下一代子女教育，那是為了「生計」而工作；另外的發展階段，工作是為了買車、買房、置產，可以休假去旅行，豐富自己及家庭的「生活」。稻盛在《稻盛和夫工作法：平凡變非凡》中要談的都

不是這些層次，他談的是日本的經驗，他自己成長的經驗，喜歡上工作的經驗，追求完美的經驗，馬斯洛「自我實現」的境界。

稻盛所揭示的道理還有一點是「自我反省」及「意會」（sense-making），得自松下幸之助的啟發「自己想不可行」，深刻地面對自己、自己的工作、及自己的公司經營，才能區別造鐘與報時的差異，也才能想出「自燃性」這樣的想法。他的成功有一大部分來自他的「工作觀」，我自己觀察大部分成功的人都有「正確」的工作觀，雖然實踐正確工作觀的人，不一定都會像他這般成功，但絕少有因錯誤的工作觀而能成就什麼事情的。稻盛的另一個提示也很有意思，書中也分享了他幾次竭盡所能之時，「神明自然會現身」的經驗，亦即我們所說的「天助自助」。

我不知道現在的豐田或日本航空的員工是否能聽得進去稻盛的這些話，他們一輩子也認真工作、全力以赴，但公司卻遭逢目前的困境，要如何被鼓舞起熱情，追求完美，再一次發揮創造性的工作，因為他們都曾經達到那個境界，個人、公司都被人羨慕過，有好多年都是剛畢業的年輕人最想進的公司。但他們的公司都面臨困境，員工有沒有責任呢？稻盛如何把垂危的日航起死回生，讓工作人員再次琢磨、提升感受度，一定會是管理教科書上的經典，使其

「經營之聖」的美名永垂不朽。我自己看完這本書後，覺得稻盛會臨危受命接受重整日航的任務，和他的本性及工作觀是一致的，而且他也應有一定的把握。

　　北歐各國被認為是很有創意、生活品質很高的國度，社會福利制度良好，失業（不工作）也可有一定的救濟收入。反而工作所得繳的稅率很高，這時要如何讓大家能很積極地工作，追求完美、卓越與創造性，就變得很重要也是很有趣的一件事。因為一般專業人士的稅率高到 70%，為了金錢的工作動機一定無法支撐這樣的工作及生活型態，因此稻盛所揭示的「工作觀」就變成很重要，工作可以成為各行各業達人生命精進的道場，每個人的工作、性靈、修養都還有可以提升的境界。在台灣的你還樂在工作嗎？

（原載於《稻盛和夫工作法：平凡變非凡》，推薦序，天下雜誌出版，2010）

快速變動時代所等待的人才

────────── ● ──────────

　　這是一個斷裂的時代，從 2008 年的金融危機到 2011 年的國債
危機，已透露了過去一個世紀主宰資本主義經濟氣數已盡。福島核
電事件到七月台塑六輕大火，「管理的神話」也都無以為繼。再看
看氣候變遷的速度已超過氣象科技的進步，在人類意想不到的地方
與季節不斷地降臨各種天災。這個世界變得越來越複雜且不可預
測，包括台灣在內的「少子化」現象，已暴露了我們對未來「已很
明顯的」趨勢，在過去一段時間仍掉以輕心，以致很多政策似乎亂
了套。

　　整個世界的舊典範、舊模式一個個破滅，解決方案如何出現，
成為全球領導人的焦慮，一般老百姓也對領導人的束手無策開始不
耐煩，未來在等待的人才如何產生？

　　外界環境變化的速度，已大過人類思想與組織習慣能調整的幅

度,我們急需跳開既有框框的思維和作為,舊典範已不適用,新標竿還沒有端倪。當 Facebook、Youtube 充斥的今天、全球 google 化,平板電腦 ipad 的出現,都是三、五年前沒有辦法想像的事。《讓創意自由》這本書原文為 *Out of Our Minds*,有靈魂出竅或瘋狂的意思,創意除了一定的理性分析,感性、熱情更重要,有其超越科技的部分。面對上述的遽變,我們需要以截然不同的方式重新設定、重新開機。

作者從十年前寫這本書的前一版開始,到今天已發生許多事。我們所面對的挑戰,除了上述科技的進步和氣候變遷外,還有另外一個是大陸、印度市場的崛起。這是一個人類發展歷史上沒有的經驗,這麼大的「量變」所帶來的「質變」是人類沒有做過的實驗。十億人口一起跳,其過程及結果都不是過去的理論能預測的。作者書中大部分的案例是取自他生活過比較熟悉的英美兩國,這些經驗或原則適用於台灣嗎?

前述世界的變局是如此的巨大與快速,沒有一個地區可以倖免,再加上在我們旁邊中國大陸的發展,人才的磁吸,技術的快速進步,跳躍式的採用,都讓台灣瞠乎其後,有點不知所措。ECFA 意涵和影響還沒有真正地發酵。「重要的東西不一定衡量得出來,

可以測量出來的東西不一定重要」。從基測、學測、頂大評量都會引導資源的配置；錯誤的指標，或量錯東西可能比貪汙更可怕。

要能有創意，不只是不斷地在解決問題，而是要學著問「重要」的問題，問「大」的問題，問「對」的問題，有時比找尋正確的答案還重要。在「代工」時代，解題的快、狠、準是核心能耐，「乖男巧女」是模範、標準，但在快速變動的時代，我們需要的人才也不一樣，敢於藐視主流，不畏懼模糊不確定是其中幾個特色。

作者的創意三力：想像力、創造力、創新力，和政大創新與創造力中心這幾年在推動的理念不謀而合，「未來想像」透過第八屆全國科技會議已被列為重要施政計畫，我們也執行了「2025 願景計畫」；創新的範圍也不只是產品或技術，組織、流程、策略和服務創新，都可以帶來改變、績效、及價值的提升。《讓創意自由》延續《讓天賦自由》，都是為快速變遷時代所需的創意人才，提供了極有價值的學習參考。

（原載於《讓創意自由》，推薦序，天下遠見出版，2011）

內向學習

—————•—————

　　草莓族、啃老族、尼特族、22K，高學歷賣雞排、或大學生競相去搶國考的窄門，都是這一代年輕人的部分剪影與寫照。當然在國際科學、設計、遊戲競賽、海外志工等領域，我們也看到一些英雄出少年的案例。因經濟與時代快速變遷，台灣似乎沒有一個共識的方向；產業轉型無方，能源、文化、教育政策也無法正常地理性討論，社會充斥負面能量，最近整個台灣確實有點悶，也不能全怪年輕人。

　　在多元的社會，人性本來就是有各種的可能性，行行出狀元，大家可以各自發展。但我們比較憂心的是，大家在焦慮與急躁的狀態下，不容易深刻反省（reflection），不易向內看，如肯·羅賓森所說的「發現天賦」，或找到自己的「天命」。

　　長久以來，代工文化重視的績效指標（KPI），形成施振榮先生

所說的「半盲文化」。我們只重視「有形、直接與短期」，而忽略「無形、間接與長期」的績效和價值。學校教太多知道（knowing），很少教「做到」（doing），更少教存在的意義（being）、或本書所稱的天命、天賦。從高中選組、大學選系、畢業選職業，年輕人很少能向內看，發現自己擅長什麼，熱愛什麼，什麼才能令自己快樂。也不了解自己的態度，立足於哪裡？自己的族人在哪裡？弄清楚這些才有機會過著充滿熱情與使命感的人生。

在各級學校，教師以知識的傳授為主，重視工具方法的學習，確保熟悉步驟與工法，導致台灣人很善於解題，至於做什麼題目、問什麼問題在其次，因此不易產生原創及品牌。代工文化和過去的教育內涵「交纏引繞」，不易分出因果。一個社會的集體價值及行為模式是由其成員共創的，今日的許多現象，包括半盲文化，是家長、官僚體制、企業主及勞工交互形塑出來的。啃老族、靠爸族亦是跨代之間的默許，要如何突破這些歷史共業找出新機呢？

羅賓森的前兩本書，《讓天賦自由》和《讓創意自由》，提供了個人若能發揮創造力、想像力，所能達成的舒坦境界。《發現天賦之旅》這本書則更進一步直指核心，如何向內找到自己的天命，會讓自己真正快樂的事，透過這幾個章節一步一步引導你與自己對

話，向內學習。

在外界變動劇烈、社會氣候紛擾，人與自己溝通、傾聽自己內心聲音的機會、場合越來越少，大部分的人隨波逐流。這本書中文版將 "Finding your Element" 翻譯「發現天賦之旅」也很傳神。人生本來就是一個旅程（journey），認識天命的人生與不認識的人生會有很大的差別。一個社會中找到自己天命的人越多，社會的「正向情緒」或「正能量」會越大，能共同成就的事情越多。很多知識在雲端，隨手可得，但人生的智慧與「看見」，則在方寸之間，不假外求。羅賓森在台的這第三本書，像是即時雨，看看是否能澆醒我們這塊逐漸在枯竭的土地和逐漸在荒蕪的心靈。

（原載於《發現天賦之旅》，推薦序，天下文化出版，2013）

讓生命不一樣的教戰手冊

────── • ──────

　　三年前我曾為理查‧布蘭森的傳記《袒裎相見：瘋狂、創新、成功的維京集團》寫過推薦序〈看得懂，不一定學得來〉。布蘭森是一個傳奇人物，他沒上過任何的商學院，從未被灌輸過做事的「正確」方法，卻創立了一個數百家企業的維京集團，雇用超過五萬人。他在這本《維珍顛覆學》中分享了很多「事業經營」與「創業精神」的心得，和學院內所教的不同之處是，他沒有什麼「架構」與「理論」。我相信他沒有時間，也沒有興趣去「讀」商管的理論，通書七十六篇短文所呈現的都是他的親身經驗。

　　這些教戰守則有些和我們在課堂上所教的是相符的，還不至於說在商學院裡「都」教不到，布蘭森做過很多的決策和產業分析師、管理權威以及他的顧問相左，因此他的經驗與心得正是創業有趣的個案，最佳管理教育的回響板（sounding board）。

　　我主編的《創業管理研究》2013 年其中一期正好是在檢討「創業管理教育」。「創業」是學校可以教的科目嗎？全世界各地大部分的創業者其實都沒學過「創業課程」，很多學過創業課程的學生也不一定「能」創業、或真能提高創業績效。很顯然體制內的創業教育有一些問題，有一些盲點。

　　創業到底需要哪些知識、技能和態度？學校教的大部分是知識，加上一部分技能（如寫事業計畫書），「態度」則是大部分的教授教不來的。布蘭森在這本書中分享的三者都有，但不像在《祖裡相見》中分成人、品牌、履行承諾、領導等主題來闡述。這本書七十六篇短文一字排開，在學院派來說或許缺乏系統、缺乏架構，但卻很實用、很務實。學校教的系統知識真的比較好「用」嗎？若是如此，目前產業界抱怨的「學用落差」從何而來？零碎的知識就較難用嗎？其實布蘭森要傳遞的並不全都是「知識」，有些甚至看起來只是老生常談的「常識」，但有許多是關於「態度」（如勇於冒險、別怕犯錯、做喜歡的事、面對失敗等）。當然還有些是關於「技能」（如籌資、對待投資人、員工的授權與激賞、尋找事業伙伴等）。

　　另外，布蘭森的事業絕大部分是「服務業」，和台灣熟悉的「製

造代工業」或貿易商的中小企業不同。布蘭森和賈伯斯一樣,他們創業不是從獲利的觀點出發,是希望他們的產品或服務能帶給人們「不一樣的價值」,而且是衷心相信,並熱情的去實踐,因此創業過程也能樂在其中。服務業雖然有很多人機、人與人的服務界面設計,但滿意與否的關鍵還是由「人」去達成的,不像製造業是靠資本、機器設備廠房。因此他認為事業成功之鑰匙是「人、人、人」,「溝通、溝通、溝通」,和馬克思看到的資本主義唯物面很不相同。

他還在好幾個篇章提到海洋、永續能源、天空、反毒等超越個別企業的問題,多半和他的探險及極限運動經驗有關。他關懷的價值也擴及到「社會企業」,同時在南非和牙買加成立創業學校,側重在弱勢社區創造就業機會。

很少人能做到孔子所說的「三十而立,四十而不惑,五十而知天命,六十而耳順,七十而從心所欲,不逾矩」。我們很多人年紀變長,但生命似乎沒有什麼不一樣。布蘭森今年六十三歲,從他的創業經驗不斷探索新領域、逐步積累,似乎已然達成這個境界,每個階段的生命都不一樣。

(原載於《維珍顛覆學:人生不能只做大家都說對的事》,推薦序,天下雜誌出版,2013)

再論稻盛的生存、生活到生命

————————— • —————————

　　像稻盛和夫這樣一生成功的經營者或創業家本來就不多，像他這樣認真用心寫書，分享生命哲理的人就更少了。由於他是非常多產的作家，書與書之間的內容難免會有重疊，但每本書他都有一個主軸。

　　這本《生存之道：對人而言最重要的事》（生き方）出版的年代，是日本經濟已渾沌了十年的 2004 年之際，當時閉塞的氣氛鋪蓋在整個社會，他認為起因於日本人找不到生存的意義與價值，和今天台灣的狀態有若干相像。日文的「生」就像中文的「生」，不只是「生存」，也有生活、生命等較廣泛的意涵。

　　我一直對稻盛先生十分敬重，2010 年他以八十一歲高齡被邀請去整頓瀕臨破產的日本航空。這個包袱沉重的日本國家象徵，在他領導下，歷經兩年左右的時間，已反虧為盈、起死回生。這兩年

去日本我都特別選擇搭乘日本航空，一方面松山到羽田比較省時，一方面可近身觀察其成果。

日航改善過的「服務旅程」（Service Journey），從地面報到服務，到艙門的登機時間，艙內座位設計、機上飲食及服務，據我個人的評價都超越競爭者。因此，稻盛先生的經營管理不只是說寫而已，他是可以力行、實踐、做到。我們審視這本書的內容，他說的不只是經營管理，談的其實是生活、工作、事業及生命的基本道理。

許多日本人寫書的風格有點像爐邊談話，穿插個人經驗或歷史故事，侃侃而談、平易近人，可能沒有太多的系統或架構。稻盛先生要傳達的道理，也不是十分艱深，但因都是作者身體力行的心得（包括佛教修行），十分有說服力。

稻盛先生所談的「生存之道」並非侷限在個人層次，也觸及企業、國家、甚至人類文明。這本書主要分成四個章節，第一章「讓思考成真」，強調運隨「心」轉；第二章「就原理、原則去思考」，簡單即是善、即是美；第三章「磨練、提高心志」，和他修行佛教的磨練與啟發有關；第四章「用『利他』的心生活」，從商業原點到「富國有德」的國策一樣適用。

　　「利他」也是施振榮先生最近在談「王道」時常提到的，傳統經濟學假設人是自私利己的，雖也沒錯，但兩者並不互相衝突。過去太強調自私的部分，在物質缺乏時代，有許多的零和遊戲，但今日的網路世界、免費經濟及共享價值，有許多利他分享的作法，最後還是回到利己。對生命、對價值的了悟，才是指導生活、生存的法門。

（原載於《生存之道：對人而言最重要的事》，推薦序，天下雜誌出版，2013）

包容異文化

———————— • ————————

　　台灣想走出代工的宿命，企業希望轉型升級，極需補強各種能耐，而其中最缺的可能就是「文化智商」。同樣的，近年來在推動「品牌台灣」或「行銷台灣」，也和文化智商高度相關。「文化智商」簡單的說，包括對自己文化的理解，台灣的文化到底包含些什麼，什麼代表台灣；以及對異國文化的包容與處理，亦即在工作中或生活中，我們可與異文化的人們有效互動的能力。這樣的能力過去在我們的教育及養成過程中，是非常不被重視與不足的。

　　台灣的人因為島國或近來「鎖國」的緣故，很容易「自我感覺良好」，除了客戶及工作上的需要，我們不太努力也沒興趣去了解他國、或關心鄰國事物，所以我們對東南亞鄰近文化的了解，說不定沒有歐美來得多，而且多半停留在觀光的層次。即使在福島事件，我們表示的熱情與巨額捐款，可能也因不諳日本的文化，或文

化智商不夠，在處理上沒能得到相應或適當的回報。

雖說有很多人可以同意「世界是平的」概念，在實際的物理（有形）世界還是有距離的、還是有各種的關卡，並不是真的平順到暢行無阻。不論從技術、人力、金融的角度來看，今天和過去比較，流通確實是幾乎無國界。我覺得很多有形的或無形的「障礙」，其實和當事人或主事者的「文化智商」有關，亦即對對方的語言及文化掌握度較高的人，比較能夠在跨文化間來去自如，比較沒有溝通或理解障礙，在講究全球行動力（mobility）的今天也比較吃香。

在楓丹白露法國最早國際化的管理學院 INSEAD，創校時就規定沒有哪一個國籍的老師可以超過所有教員的十分之一，沒有哪一國的學生可以超過全體學生的百分之五。像這樣「天生就是全球化」（Born Global）的學習環境，培養出來的學生應會有較深刻的多元文化觀。最近我聽說入學的條件又更進一步，不只是要會兩、三種第二外語，必須起碼曾在三個國家以上生活過。個人創造力的要素包括有較深刻的生活經驗，能欣賞跨國的多元文化。

不論在董事會或經營階層，台灣的企業很少有超過三個國籍的背景。生長在島國的我們，對處理多元文化的經驗與智商都不多，雖然目前外勞人數（菲傭、印尼傭、陸配）已是習以為常的現象，

但我們並沒有特別想去了解這些伙伴的原生社會及其文化。在企業人才的運用上，也鮮少想到我們可以招募全球的人才為我們所用。新加坡的人口少，反而可以吸收運用多國的人才。

宏碁與蘭奇的恩怨、明碁併購西門子的收場都不好，在在暴露從個人到企業，我們「文化智商」都不夠的事實。《CQ 文化智商》這本書剛好提供了一個我們可以多理解各種不同文化，以及具體培養「文化智商」的方法。

（原載於《CQ 文化智商：全球化的人生、跨文化的職場──在地球村生活與工作的關鍵能力》，推薦序，經濟新潮社出版，2013）

一萬小時的書寫

∞

　　過去十多年曾為超過九十本書寫推薦序或書評，也寫了三百三十一篇專欄，因為很樂於和大家分享新知與心得，也不斷獲得邀約，就這樣一路寫下來。

　　喜歡「寫」這件事，可追溯到民國四〇年代我唸中山國小時，母親就讓我和一位大陸來的俞老師在課後學作文，三、四年下來也寫了上百篇，也有機會參加作文比賽。母親為我將每篇文章都謄寫在一本「作文本」裡，我想她應是想藉此來練習中文書寫。因為光復那年她剛好上台中女中高中部，才從日文教育轉到中文教育。她的字很漂亮、工整，很適合抄寫。

　　初中時開始喜歡看「文星叢書」，沒事就泡在文星書店，大量閱讀很多散文作家及他們的遊記，尤其是歐美的見聞錄，從小就對牛津、劍橋、常春藤名校十分熟悉，建構出我的世界地圖。張曉風

在那年代出道，很喜歡她的散文風格，也曾有一陣子模仿她的書寫。

高中時加入「建中青年社」，結交到一批至今都是至好的朋友，我們創新開闢了紅樓、植物園、劇場等專欄，超越當時高中校刊的規格，討論很多連大學生都不見得碰觸的議題，曾被標竿為左派文藝青年。另外從初中開始參加救國團的活動，我就有寫遊記的習慣，學校規定的日記也是天天寫。最近流行「一萬小時」基本功夫的概念，回想起來，我的一萬小時就是這樣累積起來的。

因編輯的經驗，進了東海大學之後，參與《大度風》、《東風》的編務，也翻譯過劇本。曾參加《拾穗》雜誌的翻譯徵文，以阿爾文・托夫勒（Alvin Toffler）的《未來的衝擊》（Future Shock）得到第三名。高中、大學班上的畢業紀念冊，我都自告奮勇去擔任編排。唸完 MBA 回來，第一年教書為了教材，翻譯了一本《系統方法》，自己編輯、找人畫插畫，再找出版社出版。

後來在南聯國際大貿易商工作時，很自然就負責公司簡介的編輯企劃。曾在當時的《實業世界》寫過幾篇日本商社或財團的經營管理。民國七〇年代經營「芳鄰」連鎖店時期，透過社內刊物持續將公司經營理念和大家溝通。在「日本第一」的八〇年代《日本文

摘》創刊，因工作進出日本多次，常將一些觀察與心得寫成文章發
表。

　　唸完博士，到政大教書時有位前輩提醒我，在寫學術文章、期
刊論文之外，也不妨寫些中、小篇幅的文章，對知識的傳播更有貢
獻。記得大學畢業之際，漢寶德以筆名「也行」在報上寫「門牆外
話」，我還很得意一下就認出其風格。學生時代那一輩的專欄或方
塊文章，都是我平常閱讀的重點，也很熟悉不同長短文章的拿捏及
議題設定。

　　在經營芳鄰的十年當中，因被採訪的關係認識了一些雜誌、出
版社的朋友，因此後來推薦序和專欄的稿約就不斷。由於我不排
斥，且還書寫勤奮，都能即時交稿，久而久之就成了日常工作的一
部分。我也因此得以較早獲得書訊、並閱讀新書，藉此學習新的觀
念。為了每月的專欄，必須將我廣泛興趣、多元題材，如創新、管
理、教育寫成一篇篇一千多字的短文，和大家溝通分享。

　　回顧這十多年的推薦序，也可看出管理及創新思潮的流變，台
灣的出版社在傳播、企劃這類出版時，有新潮，有主流的類型，也
有一些是較長銷的經典。我經常將之與我個人的經驗連結，提供一
個較親民或本土在地的脈絡，讓讀者容易入手，我想有些編輯喜歡

我這種風格。當然有些邀請是因我在行政單位主管的頭銜有些加分，如 EMBA 執行長、科管所所長、或創新與創造力中心主任，如能對銷售有幫助，對觀念的傳播有受用，我也樂於幫忙。

我把與每本書的邂逅看成是因緣際會，很有榮幸幫創新大師克里斯汀生《創新者的修練》、《創新者的成長指南》、《創新者的處方》等書寫推薦；也有緣將創意大師肯·羅賓森的《發現天賦之旅》、《讓天賦自由》、《讓創意自由》介紹給台灣讀者。

稻盛和夫一直是我敬佩的企業家，三十多年前在台灣就聽過他演講，科管所在京阪奈園區也參觀過他的京瓷公司。因此很樂意幫稻盛的多部作品《生存之道》、《稻盛和夫如何讓日本航空再生》、《人生的王道》、《稻盛和夫工作法》撰寫推薦。

有些書後來成為暢銷書，我也與有榮焉，如史丹佛科技創業計畫（STVP）的婷娜·希莉格（Tina Seelig）的《真希望我 20 歲就懂的事》、《學創意，現在就該懂的事》，第一本還暢賣了七萬多本。2009 年底她來台訪問，才知道我們在羅徹斯特大學曾經同學過，我唸 MBA，她在唸生命科學系。

也幫很多創新的組織寫過序或導讀，如 Nokia《溝通的夢想家》，Google《翻動世界的 Google》、《Google 為什麼贏？》，

Apple《蘋果內幕》、Toyota《豐田創意學》、Samsung《三星揭密》、及 Virgin 與理查‧布蘭森的《維珍顛覆學》、《祖裎相見》。另外，曾為特別的羅特希爾德家族《世界真正的首富》寫了一篇〈富可敵國的時代意義〉。

從早期《後發制人》、《成長的賭局》到後來的《富足》、《藍色革命》都讓我們意識到，一再「追求成長」或「追求第一」的競爭有玩完的一天。台灣沉迷於亞洲四小龍及台灣經驗，少有其他價值觀的辯證。本書推薦的內容橫跨十多年，在各章中基本上都按年代順序編排，藉此對這些概念或典範可「溫故知新」。書寫也可能是一種機緣，可接引創新或反省的機會，我很希望我的興趣或許可以發揮一點價值。

國家圖書館出版品預行編目（CIP）資料

創新的機緣與流變／溫肇東著. -- 初版 . --
臺北市：遠流，2014.12
面；　公分
ISBN 978-957-32-7551-0（平裝）

1. 職場成功法　2. 創意

494.35　　　　　　　　103025304

創新的機緣與流變

作者：溫肇東
總策劃：國立政治大學創新與創造力研究中心
統籌：溫肇東、林月雲
主編：曾淑正
封面設計：丘銳致
企劃：叢昌瑜

發行人：王榮文
出版發行：遠流出版事業股份有限公司
地址：台北市南昌路二段 81 號 6 樓
劃撥帳號：0189456-1
電話：（02）23926899
傳真：（02）23926658

著作權顧問：蕭雄淋律師
法律顧問：董安丹律師

2014 年 12 月　初版一刷
行政院新聞局局版臺業字第 1295 號
售價：新台幣 300 元

YL*b*—遠流博識網 http://www.ylib.com
E-mail: ylib@ylib.com

本書為教育部補助國立政治大學邁向頂尖大學計畫成果，
著作財產權歸國立政治大學所有